工程伦理概论

主 编　陈丛兰

北京理工大学出版社
BEIJING INSTITUTE OF TECHNOLOGY PRESS

内 容 提 要

工程伴随人类社会发展的始终。当代，它对于人、社会和自然的影响变得愈加重大且深入，由此也涌现层出不穷的伦理问题。作为工程的主体，工程师的职业素养、道德水平成为解决这些工程伦理问题的关键所在。因此，在中国迈向工程大国的过程中，各个工程领域都迫切需要具备良好社会责任感、生命敬畏感和突出技术创新力的卓越工程技术人才。

本书以"价值塑造"为目标，着力培养研究生的工程职业伦理、道德敏感度和情理统一的道德理性，使这些未来的工程技术人员树立正确的价值观、伦理观和志业观，造福当代中国社会与民生幸福。本书可作为研究生和本科生工程伦理课程的教材，也可作为相关从业人员的参考用书。

图书在版编目（CIP）数据

工程伦理概论 / 陈丛兰主编. -- 北京：北京理工大学出版社，2024.7.

ISBN 978-7-5763-4401-1

Ⅰ.B82-057

中国国家版本馆CIP数据核字第2024HE2642号

责任编辑：陆世立　　　文案编辑：李 硕
责任校对：刘亚男　　　责任印制：李志强

出版发行 / 北京理工大学出版社有限责任公司

社　　址 / 北京市丰台区四合庄路6号

邮　　编 / 100070

电　　话 / （010）68914026（教材售后服务热线）

　　　　　　（010）68944437（课件资源服务热线）

网　　址 / http://www.bitpress.com.cn

版 印 次 / 2024年7月第1版第1次印刷

印　　刷 / 河北鑫彩博图印刷有限公司

开　　本 / 787 mm×1092 mm　1/16

印　　张 / 10.5

字　　数 / 204千字

定　　价 / 62.00元

工程师是推动工程科技造福人类、创造未来的重要力量，是国家战略人才力量的重要组成部分。2024年1月，"国家工程师奖"首次评选表彰大会在北京召开，这是中国工程技术领域的最高荣誉，81个个人被授予"国家卓越工程师"称号，50个团队被授予"国家卓越工程师团队"称号。习近平总书记强调"面向未来，要进一步加大工程技术人才自主培养力度，不断提高工程师的社会地位，为他们成才建功创造条件，营造见贤思齐、埋头苦干、攻坚克难、创新争先的浓厚氛围，加快建设规模宏大的卓越工程师队伍"。一是要调动好高校和企业这两个关键主体的积极性，解决好"规模宏大"这一"量"的问题；二是要把好工程师培养的"质"关，因为卓越的本质不仅在于技术的纯熟、精良，更在于具有良好的职业操守、超功利的社会责任感和尊重生命的道德意识，只有两者结合，才能称为"卓越工程师"。

当前，中国已然成为名副其实的工程建设大国，并不断向工程强国迈进，对高质量工程科技人才队伍有着迫切需求。资料显示，中国已经建成世界上规模最大的工程教育体系，工程师总量从2000年的521.0万人增加到2020年的1 765.3万人，年均增速6.3%，工程师占整体劳动力的比重也由2000年的0.71%上升到了2020年的2.23%，但至少仍存在2 000万的工程师人才缺口，尤其是缺乏世界顶级学术大师和工程技术领军人才。高等教育是卓越工程师培养的温厚土壤，在专业过硬、价值引领方面发挥着至关重要的作用。2018年，国务院学位委员会印发《关于制定工程类硕士专业学位研究生培养方案的指导意见》（学位办〔2018〕14号）（以下简称《意见》），工程伦理课程正式纳入工程硕士类专业学位研究生公共必修课。

工程类硕士专业学位是与工程领域任职资格相联系的专业学位，强调工程性、实践性和应用性，培养单位应在满足国家工程类硕士专业学位基本要求的基础上，面向经济社会发展和行业创新发展需求，紧密结合自身优势与特色，明晰培养定位，突出培养特色，更好地服务于工程类硕士专业学位研究生的职业发展需求和社会的多元化人才需求，培养应用型、复合型高层次工程技术和工程管理人才。很明显，《意见》的印发就是为了更好地适应国家经济社会发展对高层次应用型人才的新需求，全面贯彻党的教育方针，落实立德树人根本任务，进一步突出"思想政治正确、社会责任合格、理论方法扎实、技术应用过硬"的工程类硕士专业学位研究生培养特色，全面提高培养质量。

2021年9月，习近平总书记出席中央人才工作会议并发表重要讲话，强调"要培养大批卓越工程师，努力建设一支爱党报国、敬业奉献、具有突出技术创新能力、善于解决复杂工程问题的工程师队伍"。相关数据显示，我国制造业规模已连续13年位居世界第一，是当之无愧的制造业第一大国，但还不是第一强国，与一些制造业强国相比，我国制造业在技术积累、人才积累上还有一定差距，例如，2020年我国制造业从业人员中科学家和工程师占比仅为3.55%，远低于德国23.2%、欧盟14.2%的水平。因此，培养一大批各领域的卓越工程师是提升我国制造业竞争力的关键。中国工程院2021年的咨询研究项目"世界顶级工学院建设的战略研究"报告还披露，我国每年工科毕业生总量超过世界工科毕业生总数的1/3，但支撑产业升级的人才储备，尤其是高层次、创新型工程技术人才明显不足。我国工科毕业生工程实践及技术创新能力薄弱，难以满足企业对高层次创新型应用型工程人才的需求。工程类研究生教育是培养未来高层次工程科技人才的重要渠道，其培养质量直接关系到我国未来工程建设的水平，因此，高校要具备勇于承担历史重任的责任感、着眼未来的前瞻性、面向世界和全球的开放视野，切实做好工程类研究生教育工作。

随着工程对社会、自然的影响力日趋加剧，工程实践中的伦理问题势必会越来越突出。2022年3月，中共中央办公厅、国务院办公厅印发《关于加强科技伦理治理的意见》，要求把"伦理先行"放在科技发展的首位，深入开展科技伦理教育和宣传。强调要将科技伦理教育作为相关专业学科本专科生、研究生教育的重要内容，鼓励高等学校开设科技伦理教育相关课程，教育青年学生树立正确的科技伦理意识，遵守科技伦理要求，完善科技伦理人才培养机制，加快培养高素质、专业化的科技伦理人才队伍。综上所述，在工程研究生教育教学过程中，工程伦理教育的必要性和重要性进一步显现。工程伦理教育就是要教育、培养工程科技人才的社会责任感，提高其伦理意识，增强其遵循伦理规范、职业章程等规范的自觉性和主动性，提升其应对工程伦理问题的能力，让工程技术活动更好地造福社会、造福人类。

2016年8月，由李正风、丛杭青、王前等前辈编著，清华大学出版社出版的《工程伦理》正式出版，成为近年来高校工程伦理课程的模范教材。2023年5月，丛杭青主编了新版的《工程伦理》，再次给予了广大工程伦理授课教师巨大的指导和帮助。从目前的实际情况来看，各高校由于办学特色、层次和人才培养目标不同，工程伦理课程在课程目标、学时安排、授课内容上普遍存在较大差异。基于这样的认识，结合近五年来我校工程伦理课程教学的实际情况和经验积累，组织人力编写了这本既能体现工程伦理基本核心理论，又能体现学校行业特色的工程伦理"简约版"教材，以期在相对有限的学时内，最大限度地呈现工程伦理教育的核心要旨，最大限度地提高受教育者的工程伦理素养。

本书的编写离不开相关专家的指导和全体编写组成员的共同努力。在编写的过程中，编写组成员虽然努力将工程知识与伦理分析融合，终囿于工程技术方面知识，使得本书内容存在一定的疏漏，诚请广大师生提出宝贵的意见和建议，从而促进本书在未来得以精进完善。

编　者

CONTENTS

第 1 章

工程大国与工程伦理

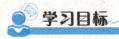 **学习目标**

从总体上理解和把握什么是工程伦理，了解工程伦理产生的历史背景，特别是在我国的发展阶段，掌握工程实践中伦理问题的主体、主要的工程伦理问题，以及何时会面临工程伦理问题等，深刻认识工程伦理的重要性和必要性，增强学习和运用工程伦理的自觉性。

学习要点

◎ 工程与科学、技术
◎ 工程伦理的内涵和作用
◎ 工程伦理问题的主体
◎ 工程活动中的主要伦理问题

素质提升

◎ 工程大国与大国工匠
◎ 工匠精神与卓越工程师
◎ 科技自立自强

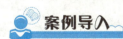 **案例导入**

大国工程：港珠澳大桥①

中华人民共和国成立以来，我国交通运输行业经历了从"落后"到"发展"再到"壮大"的过程，经历了 1990 年以后的大规模高速公路建设，更是在党的十八大后进入了加快现代化综合交通运输体系建设的新阶段。港珠澳大桥作为中国交通史上投资规模最大、技

———————————

① 案例来源：港珠澳大桥管理局官网 http://gcjx.hzmb.org/cn/bencandy_3274.html.

术最复杂、建设要求及标准最高的工程之一，是我国从"建桥大国"迈向"建桥强国"的一座里程碑。

港珠澳大桥位于中国南海珠江出海口伶仃洋海域，东接香港特别行政区，西接广东省珠海市和澳门特别行政区，是"一国两制"框架下粤港澳三地首次合作共建的跨海交通工程。大桥全长为55千米，由人工岛、桥梁和隧道组成，于2009年年底正式开工，建成后将成为世界最长的跨海大桥，也拥有世界上最长、埋深最大的海底沉管隧道。港珠澳大桥是我国继青藏铁路、三峡工程的又一重大基础设施建设，工程建设中面临着诸多"超级难度"，创造了无数"零的突破"，可谓我国交通行业发展的集大成者。

刷新纪录的"中国标准"

港珠澳大桥打破了国内的惯例，提出了设计使用寿命为120年的要求。为了这一高标准，港珠澳大桥从规划设计到施工制造，从工程管理到质量控制都进行了突破。

港珠澳大桥可谓"块头大、身板硬"，作为世界最长的跨海钢桥，仅主体工程的主梁钢板用量就达到42万吨，更可抗16级强台风、8级强地震。

为了保障工程的耐久性，一系列新材料、新技术、新装备应运而生，在多个领域填补了我国行业标准和国家标准的空白，诸多施工工艺及标准皆达到国际领先水平，"港珠澳大桥标准"正在成为走向世界的"中国标准"。

具有"教科书"意义的科研创新

为了破解港珠澳大桥设计、工艺、设备、管理等方面的诸多难题，科研创新成为工程项目推进的必要手段，国家科技支撑计划是最浓墨重彩的一笔。

2010年，"港珠澳大桥跨海集群工程建设关键技术与示范"正式列入"十一五"国家科技支撑计划，由交通运输部组织实施，研究参与单位包括21家企事业单位、8所高等院校，形成了以企业为龙头，产学研结合，覆盖桥、岛、隧工程全产业链的"智囊团"，科研队伍人数超过500人，共设立5大课题、19个子课题、73项课题研究。

研究形成了一批重大技术攻关成果，共获国内专利授权53项，编制标准、指南30项，获得软件著作权11项，出版专著18部，发表科技论文235篇。研究成果大范围应用于项目实践，解决了工程推进中的重点难题，有力支撑了港珠澳大桥工程生产，同时，对我国大型跨海通道工程技术的进步发挥了重要的推动作用。

开创性的工程管理理念

在120年设计使用寿命的要求下，工程建设具有突破性，而工程管理理念也必随之作出突破。港珠澳大桥项目开创性地提出了四大理念：全寿命周期规划，需求引导设计；大型化、标准化、工厂化、装配化；立足自主创新，整合全球优势资源；绿色环保，可持续发展。理念涵盖设计、施工、生态环保等多个领域，可谓交通行业的一次跨时代飞跃。

港珠澳大桥被英国《卫报》评为"现代世界七大奇迹"之一，被国内外媒体赞誉为"超级工程"，它是继丹麦—瑞典厄勒海峡通道、日本东京湾跨海通道、韩国釜山—巨济跨海通道、美国切萨皮克湾跨海大桥之后国际跨海工程建设史上的又一里程碑，它创造了无数工程奇迹，承载了中国几代工程人的智慧与梦想，它是世界瞩目的超大型跨海集群工程。

交流互动

一项项举世瞩目的大型工程横空出世，助力中国成为世界上名副其实的工程大国，并加快向工程强国迈进。通过以上港珠澳大桥修建的资料介绍，谈谈你对新时代大国工程的印象和理解(图1-1)。

图1-1　港珠澳大桥和大桥总平面图①

1.1　从工程大国到工程强国

新时代以来，从广袤沃野到星辰大海，高质量发展进行曲的创新音符在工程建设领域同样激昂响亮。最长的跨海大桥、最大的5G网络、最远程的量子通信、世界首例原位3D打印双层示范建筑……研发人员总量位居世界首位，发明专利有效量位居世界第一，我国昂首迈入创新型国家行列。投资加力，倒排工期，马力全开，引汉济渭工程使秦川大地受益；全球首台16兆瓦海上风电机组并网发电，汩汩绿电海上生。一项项举世瞩目的大国工程横空出世，助力我国成为世界上名副其实的工程大国，并开始加速谱写工程强国的崭新篇章。

(1)从基础设施建设看工程大国。2023年以来，全国多项桥梁工程加快施工建设。跨江河，越湖海，穿峡谷，连群山……一座座桥梁在大江南北拔节生长，不断续写新的壮美篇章。最长、最大、最高……一个个全新纪录或开创或刷新，不断被写入世界桥梁史，使中国桥梁成为彰显中国实力的亮丽名片。世界前100名高桥近半数在我国贵州省，囊括了几乎所有桥型。交通运输部数据显示，当前世界排名前十的悬索桥，

① 图片来源：港珠澳大桥管理局官网，http://gcjx.hzmb.org/cn/bencandy_3274.html.

中国有 8 座，其中 5 座在建；世界排名前十的斜拉桥，中国有 9 座，其中 4 座在建；世界排名前十的拱桥，中国有 8 座，其中 2 座在建。仅以中国桥梁建设为例，经过多年学习、借鉴和创新，中国桥梁已形成满足"穿山、越海、进城"需求的设计、施工、制造等成套技术及国产化装备，工程规模和技术水平均达到世界领先地位，正由跟跑、并跑向全面领跑迈进。不断突破桥梁建设技术，瞄准安全、智慧、绿色的桥梁强国目标加速奔跑。桥梁的数量在增加，质量也不断提升。截至 2022 年年底，我国拥有公路桥梁 103.3 万座，总长约为 8 576 万延米，其中特大桥 8 816 座，总长约为 1 621 万延米。将于 2024 年通车的深中通道，是继港珠澳大桥后又一座集桥、岛、隧和水下互通于一体的跨海集群工程，将在全离岸海中悬索桥、钢结构智能制造、混凝土智能浇筑等方面，实现全面突破。[①]

（2）从信息化建设看工程大国。中国工业和信息化部发布消息称，截至 2022 年 5 月底，中国已建成全球规模最大、技术领先的网络基础设施，所有地级市全面建成光网城市，千兆用户数突破 5 000 万户，5G 基站数达到 170 万个，5G 移动电话用户数超过 4.2 亿户。截至 2022 年 6 月底，工业互联网应用已覆盖 45 个国民经济大类，工业互联网高质量外网覆盖全国 300 多个城市。

（3）从内外部评价看工程大国。2023 年 12 月，由中国工程院 9 个学部 100 多位院士及相关领域 700 余位专家共同参与研究的《全球工程前沿 2023》报告发布。这份报告聚焦对工程科技未来发展具有重大影响和引领作用的关键方向，围绕机械与运载工程、信息与电子工程、化工冶金与材料工程、能源与矿业工程、土木水利与建筑工程、环境与轻纺工程、农业、医药卫生、工程管理 9 个领域，研判遴选出 187 个具有前瞻性、先导性和探索性的工程前沿，包括 93 个工程研究前沿和 94 个工程开发前沿。这些前沿领域涵盖了从基础研究到应用开发的各个层面，为全球科技创新提供了新的方向和思路。在这份报告中，2023 全球科技十大工程，中国占 4 席。另外，报告显示，中国在多个领域都取得了显著进展，成为全球科技创新的重要推动力量。外部评价方面，2023 年 8 月，全球工程建设领域权威学术杂志《工程新闻记录》(ENR)公布"全球工程设计公司 150 强"[②]名单，25 家中国企业入围，前 20 名中有 6 家中国企业上榜。中国基建联通了世界，为世界各国的发展提供了机遇。中国参与的基建设施出现在全球各地，很多国家活跃着中国装备、中国建造、中国技术的身影。在马尔代夫，跨海大桥连通岛屿；在黑山共和国，高速公路穿越群山；在莫桑比克共和国，超大悬索桥马普托大桥飞架天险……来自中国的基建队伍联通了世界，为构建"人类命运共同体"贡献着强大的力量。

---

① 韩鑫. 桥梁建设加快[N]. 人民日报，2023 - 07 - 27(007).

② ENR"全球工程设计公司 150 强"以设计企业的全球营业总收入为排名依据，重在体现设计企业的综合实力。

1.2　工程与工程师

1.2.1　工程的内涵

工程就是人类改造世界的物质实践活动。人类文明不断演进的过程，就是不断改造世界的过程。恩格斯在《家庭、私有制和国家的起源》中指出，"根据唯物主义观点，历史中的决定性因素，归根结底是直接生活的生产和再生产。但是，生产本身又有两种。一种是生活资料即食物、衣服、住房及为此所必需的工具的生产；另一种是人自身的生产，即种的繁衍。"正是这些最普通、最生活的人类实践活动，日复一日、年复一年地孕育并发展出灿烂辉煌的人类文明。马克思认为，全部社会生活在本质上是实践的。实践是人类生存和发展最基本的活动，是人类社会生活的本质，是人的认识产生和发展的基础，也是真理和价值统一的基础。物质生产实践是人类最基本的活动，它解决人与自然的矛盾，满足人们的物质生活资料和生产劳动资料的需要。随着社会的快速发展，当代人类实践活动出现了新的变化，且范围越来越广，程度不断加深，效果也不断提升。

在欧洲，"工程"一词可溯源至拉丁文 Ingenera（移植、生殖、生产），与拉丁语 Ingenium（灵巧的）和 Ingeniatorum（灵巧的人）有关。现代意义的工程出现于 17 世纪或 18 世纪，以现代技术和科学的应用为基础，包括在 19 世纪下半叶才成为独立知识领域的社会科学和社会技术。但是，社会工程和社会工程师在 20 世纪下半叶的出现却在西方招致了大量的批评，因为很多人认为，社会与自然有根本区别，不能以工程方式来对待。

提及工程，可能大多数人脑海中浮现的是在热火朝天的建筑工地上，各种机械设备穿梭其间，工人们繁忙的身影，这是对工程做了偏狭的理解。事实上，工程有一个非常庞大的家族，如传统的土木工程、水利工程、建筑工程、机电工程、技术工程、化工工程，现代的核工程、生物医药工程、能源工程、互联网工程、大数据工程、人工智能……可以说，当今时代的人类已完全置身于工程世界之中。所以宽泛地说，所谓工程，就是利用科学知识、技术方法、设计和管理的原理，在经济、社会、环境、文化条件的支撑和制约下，解决人类生存和发展所面临的各种问题，而工程师就是解决这些问题的人。

工程的内涵包括工程领域的基本理念、价值目标和核心要素。首先，工程致力于积极"改变世界"。工程是人类改造世界的实践活动，其本质是人类能动地改造世界的社会性的物质活动。工程注重实践和应用，强调解决人类生产、生活和发展中的实际问题。工程师的主要任务就是通过运用科学、技术和创新的知识及方法，解决现实世界中的问题，满足人类的需求和利益。其次，工程的内涵涉及系统思维和综合能力。工程领域往往需要处理复杂的系统和多个相互关联的因素。工程师需要具备系统思维的能力，并能够将各个组成部分综合起来，全面考虑不同因素之间的相互影响，提出有效的解决方案。再次，工程的内涵还包括创新和持续改进的意识。工程领域是不断发展和演进的，技术和需求都在不断变化。工程师需要具备创新精神，能够提出新的想法和解决方案，不断改进和优化现有的工程实践。最后，工程的内涵还涉及伦理和社会责任。工程领域的发展和应用往往涉及对人、环境及社会的影响。工程师需要注重伦理和社会责任，对自己的行为和决策负责，确保工程实践对人类和环境的可持续发展作出积极贡献。总之，工程的内涵包括解决问题和满足需求的能力，系统思维和综合能力，创新和持续改进的意识，以及伦理和社会责任等诸多方面的内容。

1.2.2　工程师与卓越工程师

工程是人类的一项实践活动，其目的是改造客观世界，其过程是实践的主体与客体之间的相互作用。实践的主体是指具有一定的主体能力、从事现实社会实践活动的人，是实践活动中自主性和能动性的因素，担负着设定实践目的、操作实践中介、改造实践客体的任务。工程师是工程实践活动的主体，是能够利用科学知识、技术方法，设计和管理的原理，在经济、社会、环境、文化条件的支撑与制约下，解决人类生存和发展的各种问题的人。

有学者认为，工程师是一个有超过六千年历史的职业。根据考古学家的发现与现存工程及其遗址来看，人类社会确实很早便有从事工程建设的实践活动。例如，中华文明、埃及文明或中东地区的文明，都存在着城市建设的活动，也留下了许多经典建筑。中国古代三大著名工程——新疆的坎儿井、万里长城及京杭大运河，就是最好的证明。所以，作为人类的一种艺术形式和生存活动，工程可以追溯到遥远的古代。

向善而建，自古有之。在《说文解字段注》中，"工"的解释是"巧饰也"，也说"凡善其事曰工"。"程"的解释是"品也。十发为程，十程为分，十分为寸。"很明显，"程"在这里是度量单位。在中国古代，虽然没有"工程师"这个称谓，但其工作属性与现代工程师类似。大禹治水的传说人们耳熟能详。大禹数十年如一日通过修筑防洪和灌溉工程，终于驯服了黄河及其支流，从现代意义上说，大禹确实是一位名副其实的"水利工程师"。早在春秋战国时期，记述官营手工业各工种规范和制造工艺的文献《周礼·冬官考工记》中，就有"百工"之名："国有六职，百工与居一焉"。"审曲面势，以饬五材，以辨民器，谓之百工"。所谓"百工"，泛指审视加工各种材料，制造民众所需器物的人。《周礼·冬官考工记》是中国所见年代最早关于手工业技术的文献，在中国科技史、工艺美术史和文化史上都占有重要的地位。全书仅七千一百余字，却记述了木工、金工、皮革工、染色工、玉工、陶工六大类、三十个工种的内容，反映出当时中国在这些领域所达到的科技及工艺水平。另外，《周礼·冬官考工记》还有数学、地理学、力学、声学、建筑学等方面的知识和经验总结。

中国传统工匠溯源

《周礼·冬官考工记》记载："知者创物，巧者述之，守之世，谓之工。"《说文解字》里记载："匠，木工也。"《韩非子·定法》中有"夫匠者，手巧也"。北宋时期的李格非在《洛阳名园记·李氏仁丰园》中说："今洛阳良工巧匠，批红判白，接以他木，与造化争妙。"可见，传统意义上的"工匠"实则已包含心思精巧、技术精湛之意。

古汉语中并没有"工程师"一词。在中国，现代意义的工程和工程师都是舶来品，由近代洋务运动中人们依据"工正""工匠师""工师"等传统说法引申而来，是一个与英语 Engineer 相对应的新词汇。清末民初，工程师一度与"工师""工程司"等并用。随着清末"西学东渐"，大约在光绪五年（1879 年）之后，汉语中"工程"的含义逐渐与 Engineering 对应。晚清洋务运动时期，随着工业制造业的出现，一批从事工程的专业技术人员也随之出现。1883 年 7 月，李鸿章曾在奏折中写道："北洋武备学堂铁路总教习德国工程师包尔……"中国工程师最早孕育于晚清的留美幼童群体及船政留欧群体之中，代表人物有詹天佑、司徒梦岩等。詹天佑在 1888 年被任命为津榆铁路"工程司"，在负责建造京张铁路时被任命为"总工程司"。1905 年，詹天佑主持建造了京张铁路，培养了一批工程技术人员，逐渐形成了中国早期的工程师职业团体。1912 年 1 月，詹天佑在广州约集工程界同行，创立"中华工程师会"，并担任会长，这是中国第一个工程学术团体。

在英语中"工程师"为"Engineer"，与这个词密切相关的词语是 Engine（发动机）。在发动机问世之前，Engine 的意思是"天赋，内在才能"，来自拉丁语，大约 12 世纪进入法语后演变成 Engin，表示"技能、才智、诡计、战争器械"等含义。约 13 世纪进入英语后，该词的意思又演变为（战争中使用的）精巧的机械装置。当西方进入工业革命时期，特别是随着蒸汽机的问世，人们更多地把 Engine 专门用来表示从自然界获取能量并且将其转换为机械能的装置，即汉语中所说的"发动机"。Engine 加 er 后缀，最初指代"谋划者""发明者"或"设计者"。由于 Engine 含义的变化，指代"战争中使用的机械装置"，故 Engineer 指代"能制造使用机械设备，尤其是战争器械的人"。所以，在欧洲早期，工程师主要是指建造和操作战争机械的人，即"军事工程师"。1755 年英国出版的《英语词典》中将 Engineer 定义为"指挥炮兵或军队的人"。1779 年的《大不列颠百科全书》将其定义为"在军事艺术上，运用数学知识或描绘各种事实及进攻或防守工作的专家"。

18 世纪中叶，欧洲一些城市出现了与现在类似的市政工程设施，如灯塔、道路、给水排水设施等，这些虽然隶属于民用的市政设施，归市政部门管理，但从工程设计到施工基本仍是由军事工程师来完成的。通常认为，土木工程师（Civil Engineer）这一概念的产生归功于约翰·斯密顿，这标志着设计并监督民用工程项目的技术人员从军事工程师群体中独立出来，并且日益壮大。作为"土木工程师之父"的约翰·斯密顿，在1756—1759年，负责建造了埃莫尔运河河畔的灯塔，另外，还负责建造了运河、港口及桥梁等。1771年，约翰·斯密顿成立了"土木工程师社团"，目前被认为是世界上第一个工程师社团。第一次工业革命以后，除民用工程外，如机械采矿等工程分支相继出现，随着后续发展，每次新科技的出现，都会产生新的工程分支，每个分支都有相应从事该工程的工程师。

伴随着欧洲近代工业革命的产生和发展，现代工程师的含义由原先的"兵器制造、具有军事目的的各项劳作"，扩展到其他众多领域，如建筑屋宇、制造机器、架桥修路等。随着近现代人类文明的飞速发展，科学技术的日新月异，又经历了第二次、第三次工业革命，工程所涉及的领域越来越多，如水利工程、化学工程、冶金工程、建筑工程、遗传工程、生物工程、软件工程、海洋工程等，每个工程领域都有对应的工程师。工程师是将科学技术与生产生活实践紧密结合起来的人，其主要工作是进行研究、设计和建造，以实现该领域工程的实物产品。欧美工程大规模扩张与工业革命和电力革命息息相关，19世纪下半叶和20世纪上半叶，伴随着大型公共工程（如运河、铁路）的建设，以及大型工业公司的崛起，特别是第二次世界大战之后，西方发达国家已然进入了工程和工程师的时代，工程师成为社会主流职业，工程成为改造世界的主要手段，给人们的生活方式带来了深刻的影响。

中华人民共和国成立后，中国工程事业有了长足发展，特别是改革开放四十多年来，中国的工程从业者、工程师及理工科大学毕业生的人数急剧增长。据西南财经大学中国家庭金融调查与研究中心测算，截至2020年，我国科学家和工程师约为1905万人，其中工程师为1 765.30万人，规模位居世界前列。虽然我国工程师总体数量位居世界首位，但与欧美发达国家相比，工程师占劳动力的比重依旧偏低。数据显示，我国科学家与工程师占劳动力总量的比重为2.4%，比美国、欧盟分别低2.04%和5.03%。随着三峡工程、南水北调工程、杭州湾跨海大桥、青藏铁路、京沪高铁、港珠澳大桥等一大批世界领先的大型工程震惊世界，中国开始向外输出先进的大型工程经验，如水电站和高铁建设等，充分发挥了工程师在强国复兴伟业中的重要作用。从高铁奔驰到超算发威，从"蛟龙"入海到"天眼"巡空，从"墨子"传信到神舟飞天……一件件令国人骄傲的国之重器背后，既凝聚着一批批顶尖科学家的卓越智慧，又倾注了无数工程师的心血和汗水，这一切都生动地诠释了当代中国已进入"工程师时代"。

从世界人力资源大国迈入世界人才强国。中国智造不能仅局限于科学家和大学的实验室，而是要让更多的创新创造"出圈"，实现大规模应用，要实现这一目标，一支卓越工程师队伍必不可少。我国从一个技能人才短缺国家一跃成为高技能人才大国，工匠人才辈出。全国技能人才总量到 2021 年已经超过两亿，其中高技能人才超过六千万，比 2012 年翻了一倍。技能人才占就业人员总量的比例超过 26%，高技能人才占技能人才的比例达到 30%[①]。以前工程师的培养是以做出合格产品为目标，而现如今创造具有核心竞争力的产品是人们的主要目标。

在新工科建设方面，教育部把卓越工程师教育培养作为新工科建设的核心议题。卓越工程师与一般人印象中的工程师存在一定差别。首先，政治坚定、爱党报国，愿意服务于国家，这是前提和基础。其次，有很高的工程素养和工程实践经验。所谓卓越，主要体现在以下三个方面：第一，卓越工程师必须要有很扎实的理论基础，也可以称为"科学家加工程师"。第二，要有很高的创新能力，能发现问题、解决问题。以前的工程师可能只需要按图纸把工程完成，而中国要走向世界中心，肯定不能完全按照国外标准和路径来照做，而是需要创造新标准和新的解决方案。科技革命、产业革命要求卓越工程师必须具有突出的技术创新能力，与现代信息技术充分融合，同时，还要善于解决复杂工程问题。第三，还需要有宽广的知识面，具有系统集成技术的能力。

工程师的作用不容小觑。如果顶尖科学家是大脑，那么卓越工程师就是双手。"如果将创新链从前至后按 1 到 9 排序，1 到 3 是在实验室的研发阶段，7 到 9 就是产业落地，那么 4 到 6 中间的这一阶段就是工程师发挥智慧与力量的范围"，中国科学院院士刘忠范曾这样形象地描述工程师的作用与重要性。当前，我国工程科技领域不少产品、装备、工程虽然有理论基础，但要从技术上实现，难点重重，亟须培养一大批高层次工程科技人才。

优秀工程技术技能人才供需现状

"无论是技术工程师还是技能工程师，企业都非常缺乏。"广西柳工机械股份有限公司数控车工高级技师周颖峰是企业里为数不多具备高级工程师职称的员工。他曾给记者举了个例子来说明工程师的重要作用。曾经，企业里的密封液压油缸在质量和稳定性上都达不到要求，是他带着技术团队坚持攻关，最终通过优化道具和加工参数完成了改进。当前，周颖峰还负责企业内的智能产线建设，里面涉及的诸多技术问题都由他把关，传统产业转型升级的过程中，需要更多卓越工程师参与其中，每个细节的调试都离不开他们。

——支撑中国智造的卓越工程师队伍，该向何处寻？《工人日报》(2023.3.16 第 04 版)

---

① 吴江. 深入实施人才强国战略，红旗文稿[J]. 2023(3)：22-25.

1.3 工程、科学与技术

科学技术是一个复合概念。具体而言，科学是指对自然、社会和人类思维的正确认识，是反映客观事实和客观规律的知识体系及其相关的活动。按照研究对象不同，科学主要可分为自然科学、社会科学和思维科学。技术有广义和狭义之分。广义的技术包括生产技术和非生产技术；狭义的技术就是指生产技术，即人类改造自然、进行生产的方法与手段。科学和技术是辩证统一的整体。当今时代，科学与技术日益融为一体，如"科技革命"。所谓工程，就是利用科学知识、技术方法、设计和管理的原理，在经济、社会、环境、文化条件的支持和约束下，解决人类生存和发展的问题，而工程师就是解决这些问题的人。

1.3.1 区别与联系

科学技术是先进生产力的重要标志，是推动社会文明进步的重要力量。马克思认为，科学是"伟大的历史杠杆"，是"最明显的字面意义而言的革命力量"。[1] 科学技术革命集中体现了科学技术在历史发展中的杠杆作用。现代科学技术不仅使科学技术成为第一生产力，也给人类社会和人与自然、人与人的关系带来了根本性的变革，深刻地影响着社会的进程和人类的未来。每次科技革命，都不同程度地引起了生产方式、生活方式和思维方式的深刻变化及社会的巨大进步。爱因斯坦曾说："科学是一种强有力的工具，怎样用它，究竟是给人带来幸福还是带来灾难，全取决于人自己，而不取决于工具。"毫无疑问，科学技术是社会发展的重要动力，能够通过促进经济和社会发展造福人类。与此同时，科学技术在适用于社会时所遇到的问题也日益突出，例如，对科学技术消极后果缺乏预判和强有力的控制手段，进而使科学技术有时"表现为异己的、敌对的和统治的权利"[2]。

总而言之，科学是对客观规律的探索。技术是人们为了满足社会发展的需要，在改造、控制、协调多种要素的社会实践中所创造的劳动手段、工艺方法和技能体系的总和。工程是改造世界的物质实践活动，其目的是增加人类福祉。工程实践活动离不开科学技术的应用，但不是运用了科学技术的活动就是工程。从核心关键词来看，一般认为，科

---

① 中共中央马克思恩格斯列宁斯大林著作编译局．马克思恩格斯全集(第二十五卷)[M]．北京：人民出版社，2001.

② 中共中央马克思恩格斯列宁斯大林著作编译局．马克思恩格斯文集(第八卷)[M]．北京：人民出版社，2009.

学重在发现，技术重在发明，工程重在造物。钱学森先生的导师冯·卡门教授曾指出，科学家发现客观存在的世界，而工程师创造未有的世界。科学、技术和工程之间既相互区别，又紧密联系。

1.3.2 机遇与挑战

科技进步极大地推动了工程实践的跨越式发展。当今时代，人类社会已经进入了"深度科技化时代"。科技创新作为引领经济社会发展的第一动力，呈现出多点群发突破态势，推动人类活动范围不断扩展，信息传递和交换能力实现质的飞跃，生命健康水平持续提升，人类的工作方式、生活方式发生了深刻改变。在科学技术的加持下，工程实践的规模和程度得到了前所未有的跨越式发展，人类的福祉不断增进。具体而言，科学技术对工程实践的推动作用主要体现在以下几个方面。

(1)增强创新。科学技术的不断进步和创新，为工程实践提供了新的思路和方法，推动了工程技术的不断发展。

(2)提高效率。科学技术的发展提高了生产效率，降低了生产成本，提高了工程实践的效率和质量。

(3)促进可持续发展。科学技术的进步，特别是新能源和环境保护方面的技术进步，推动了可持续发展的实现，为工程实践提供了新的方向。

(4)推动产业升级。科学技术的进步有利于促进产业升级和转型，推动了经济的发展和社会的进步。

(5)提高安全性。科学技术的发展提高了工程实践的安全性，减少了事故发生的可能性，保障了人们的生命和财产安全。

科学技术是把双刃剑。近代以来，特别是人类进入工业社会后，科学技术的发展日新月异，科技进步和利用虽然极大地便利了人类的生产生活，帮助人类在追寻文明的路上披荆斩棘，增进了人类福祉，但也带来了各种各样的风险和挑战，若利用不当，也会使人陷入困境，甚至是贻害人类。以"风险社会"理论的出现为例，1986 年，德国社会学家乌尔里希·贝克出版了《风险社会》一书，书中一开始提及的，便是发生于 1986 年 4 月26 日的震惊世界的"切尔诺贝利核电站事故"。对风险、危机等问题的关注，标志着人类提出了一个认识社会的新视角——反思现代化。从现实来看，进入 21 世纪后，推动社会运行和发展加速化的几乎所有因素都包含或孕育着风险，使整个社会呈现出高度复杂性和不确定性，而在这些因素中，科学技术的发展无疑是"工程风险"的一个重要方面。正如爱因斯坦所说："科学就其意义讲，从来没有像现在这样具有道德性质，因为科学发现的成果，任何时候也没有像现在这样影响人类的命运。"为了防止科技"伤人"，人类不仅需要不断完善科技成果转化的制度体系，同时，也要进一步强化科技工作人员的伦理责任。在这个意义上，人们就能更好地理解，为什么乌尔里希·贝克会说"对风险的界定是伦理学，以及还有哲学、文化和政治在现代化中心—商业、自然科学和技术学科—内部的复活"①。

科技以前所未有的"加速度"改变着人类的生活，使科技伦理挑战日益增多。从目前来看，科技伦理治理仍存在体制机制不健全、制度不完善、领域发展不均衡等问题，难以适应科技创新发展的现实需要。另外，值得注意的是，伦理关切也已成为人们对工程关切的重要方面，例如，科技活动应客观评估和审慎对待不确定性及技术应用的风险，力求规避、防范可能引发的风险，防止科技成果误用、滥用，避免危及社会安全、公共安全、生物安全和生态安全。中国科协 2021 年的一项调查结果显示，仅有 28.5% 的科技工作者认为，当前高等教育针对科研诚信和伦理的教育充足。② 由此看来，如何确保科技向善、工程向善依然任重而道远。

为进一步应对科技发展所可能带来的伦理挑战，必须不断完善科技伦理体系，提升科技伦理治理能力，有效防控科技伦理风险，跟踪新兴科技发展前沿动态，对科技创新可能带来的规则冲突、社会风险、伦理挑战加强研判、提出对策，从而保证不断推动科技向善、造福人类。2022 年 3 月，中共中央办公厅、国务院办公厅印发《关于加强科技伦理治理的意见》，要求把"伦理先行"放在科技发展的首位，意在规范科学研究、技术开发等科技活动的伦理审查工作，强化科技伦理风险防控，促进负责任创新。这充分说明，当前科学研究、技术开发等科技活动、工程实践活动中面临的伦理挑战日益增加。一方面，科技是发展的利器。科学技术对工程实践的积极推动作用需要充分肯定，科技创新能够持续推动工程实践的发展和进步。反过来，工程实践的需要也会推动人类认识的发展，促进人类科学发现和技术发明。恩格斯曾指出："社会上一旦有技术上的需要，这种需要就会比十所大学更能把科学推向前进。"③另一方面，科技也可能成为风险的源头。当今时代，科技飞速发展，基因编辑、人工智能、5G 技术、脑机接口、人脸识别、纳米技术、辅助生殖技术、精准医疗、大数据算法……越来越多前沿领域闯入"无人区"，各种颠覆性创新层出不穷，与之相伴而生的科技伦理挑战也日益增多。站在公众的立场上，科学技术不断"解锁"新的应用场景，持续深刻地改变着人们的生产生活。与此同时，科技发展背后的伦理道德问题也让很多人为之忧虑。美国建筑理论家刘易斯·芒福德在其《技术与文明》一书中指出："在孩子手中放一根炸药并不能使他变得强大，只会增加他不负责任的危险。"因此，风险管控就变得格外重要。科技伦理，即开展科学研究、技术开发等科技活动必须遵循的价值理念和行为规范，就是要在价值判断的层面设置

①　[德]乌尔里希·贝克. 风险社会[M]. 张文杰，何博闻，译. 南京：译林出版社，2022.
②　韩小乔. 把好科技伦理"方向盘"，http://www.ahnews.com.cn/wangping/pc/con/2022-03/29/578_547382.html.
③　中共中央马克思恩格斯列宁斯大林著作编译局. 马克思恩格斯选集(第四卷)[M]. 北京：人民出版社，2012.

边界、划定底线，促进科技向善，防范科技活动带来的潜在风险。毫无疑问，科技伦理不仅不会成为科技创新的"绊脚石"，反而是促进科技事业健康发展的重要保障。科技伦理审查和治理有利于明确科技创新的边界，进一步激发科技向善的力量，守护社会价值关切，有利于科技创新活动更好服务美好生活、增进人类福祉。

1.4 工程伦理及其作用

专业工程技术人员的全部工作并非只关乎技术本身，除此之外，还须考量其他因素。要了解工程伦理，首先必须弄清楚工程伦理的必要性。爱因斯坦曾指出："如果你们想使你们一生的工作有益于人类，那么，你们只懂得应用科学本身是不够的。关心人的本身，应当始终成为一切技术上奋斗的主要目标；关心怎样组织人的劳动和产品分配这样一些尚未解决的重大问题，用以保证我们科学思想的成果会造福于人类，而不致成为祸害。在你们埋头于图表和方程时，千万不要忘记这一点。"实践证明，工程实践活动不仅是一个自然科学技术的发明、应用和创新的过程，而且还关涉政治、经济、人文、道德、生态和社会等诸多维度的问题。换而言之，工程实践活动比人们以往的纯粹科学技术维度的理解要复杂得多，这也就意味着工程师实际上面临着更加宏观、重大的责任和义务，他们在工程的整个生命周期中时刻需要有反思的精神，需要坚持"以人为本"，以人类的安全、健康和福祉为首要责任，而工程伦理便是这种责任的批判性反思。

1.4.1 伦理与道德

伦理学也被称为道德哲学，是研究人类行为的准则和价值观的学科。伦理学主要探讨什么是正确的和错误的行为，以及人类应该如何行动，对这些问题的回答必然涉及许多不同的理论和观点，如功利主义、道德相对主义、道德客观主义等。伦理学的研究范围十分广泛，涵盖了个人和社会的行为、道德判断的依据、正义与公平原则及个体和社会责任等主题，旨在帮助人们思考和解决道德问题，为个体和社会提供行为准则。

伦理学是一门研究道德规律的理论学科，同时，也是一门研究道德规范与道德行为的实践学科，因此，可以将伦理学的特点主要概括为两个方面：一是价值的探索；二是价值的实践。根据伦理学研究的侧重不同，人们通常将伦理学分为规范伦理学、元伦理学和应用伦理学等。工程伦理显然属于应用伦理学。伦理是社会性、客观性的精神，是"社会意识"。与道德相比，伦理更加突出依照规范来处理人与人、人与社会、人与自然之间的关系。伦理的重要性是它可以指导人们在面对道德困境时作出明智的决策。它还可以促进个人和社会的发展，建立和维护公平、正义、道德的价值观。

道德是调整人们之间及个人与社会之间关系的行为规范的总和，是依靠社会舆论与人们的信念习惯，以及传统和教育起作用的精神力量。道德是一定生产方式的产物，是对经济基础比较直接的反映。道德具有历史性，不同时代具有不同的道德观念，永恒不变的道德是不存在的。道德具有继承性，一个国家或民族的传统美德在现实生活中具有重要的影响和意义。

相比之下，伦理和道德虽有密切联系，但也是两个完全不同的概念。伦理学是以道德为对象的学科，它探讨人类行为的规范和原则。伦理学关注的是行为的正确与否、善与恶、公正与不公正等方面。它研究不同的伦理观点和理论，如伦理相对主义、伦理客观主义、伦理规范主义等。伦理学试图回答"我应该如何行动?"的问题。道德是关于个人或社会对行为的评判和规范。它指导人们判断自己和他人的行为是否正确或符合道德。道德通常被视为一种社会共识及一种社会中共同认可的行为准则。道德可以是基于宗教、文化、法律等因素的，也可以是个人的道德判断。道德行为通常被认为是善良、公正、诚实等。总体来说，伦理学是对道德的理论研究，而道德则是实际的行为准则。伦理学提供了不同的伦理观点和原则供人们参考;道德则是人们在具体情境中根据这些原则来判断行为的准则。

1.4.2　伦理关切

人类的衣、食、住、行等所有社会实践活动，时时刻刻需要倚靠各种工程产品所带来的舒适和便利，与此同时，人们对于这些工程产品及其所倚赖的科学技术所可能带来的潜在风险又忧心忡忡。在当今社会，人们免不了使用工程产品，免不了生活在工程世界之中，因而，工程伦理与每个社会成员息息相关，是全社会的期许和关切。工程师作为实践主体，其能力包括自然能力和精神能力。精神能力又包括知识性因素和非知识性因素。其中，知识性因素是首要的能力，既包括对理论知识的掌握，又包括对经验知识的掌握;非知识性因素主要是指情感和意志因素。工程伦理素养是工程师的精神能力的反映。

技术变革浪潮和经济高质量发展正在要求打造一支更高素质的劳动者队伍，特别是知识型、复合型、创新型技术技能人才队伍。为适应技术变革和产业升级的要求，我国正在构建技能型社会，技能等级认定和技能水平认证恰恰是推动落实"技能中国行动"的重要举措，对促进劳动者知识更新和技能提升具有重要的导向作用。与此同时，人们发现时至今日，工程向善，或者伦理关切也已成为工程关切的重要方面。除无法预测和阻挠的自然因素外，人们只能将全部希望寄托在工程师身上，希望他们都能兢兢业业、诚实守信，成为"道技合一"的工程师。二十世纪七八十年代以来，工程伦理研究在发达国家日益受到关注，在 21 世纪初逐渐成为科技哲学界的国际性热门问题。这与工程和工程师在当代社会的重要地位是紧密相连的。今天，中国已然成为全球首屈一指的工程大国，工程伦理的研究和实践在中国毫无疑问具有重大的理论与现实意义。2000—2022 年，在 22 年间，中国培养了 6 000 多万名工程师，占中国人口总数的 5% 左右。有专家预测，在未来几年，中国工程师的数量将超过德国的人口数量。毫无疑问，今天的中国，是世界上拥有工程师最多的国家。[①] 2021 年 9 月，习近平总书记出席中央人才工作会议并发表重要讲话，强调“要培养大批卓越工程师，努力建设一支爱党报国、敬业奉献、具有突出技术创新能力、善于解决复杂工程问题的工程师队伍”。

伦理是审视工程的一个重要维度。工程的伦理维度探讨的是人们如何“正当地行事”，这不仅是一个理论问题，也是一个实践问题。工程伦理伴随着工程师和工程师职业团体的出现而出现。以前，人们认为工程任务自然会带给人类福祉，但后来发现：工程实践目标很容易被等同于商业利益增长，这一点随着越来越多工程的实施遭到了社会批判。人们日益认识到，工程师因为应用现代科学技术拥有巨大力量，要求工程师承担更多伦理的义务和责任的呼声越来越高。从职业发展来说，工程师共同体强调行业的专业化和独立性，也需要加强工程师的职业伦理建设，因而很多工程师职业组织在 19 世纪下半叶开始将明确的伦理规范写入组织章程之中。从工程实践来说，好的工程要给社会带来更多的便利，工程师必须解决社会背景下工程实践中的伦理问题，这些问题仅仅依靠工程方法是无法解决的，例如，在工程设计中经常需要寻求人文科学的帮助。总之，工程伦理就是对工程与工程师的伦理反思，只要人们生活在工程世界中，使用过工程产品，工程伦理便与每个人的生活密切相关。

1.4.3 工程伦理的作用

作为科技哲学领域的研究热点之一，工程伦理研究是一种典型的问题学，它的核心问题是“如何让工程实现更好地使用和更多的便利”，或者可以表述为“什么是更好的工程”。工程伦理学家借助哲学和伦理学的方法，尤其是概念分析、反思性批判和全球比较等方法，结合工程实践的具体语境作出面向实践的可操作性的回答。

总体来说，目前工程伦理研究的主要问题有以下 7 种：第一，工程伦理的基础理论研究，包括工程伦理的概念、特点、方法，工程伦理学的学科定位和学科归属等问题；第二，工程伦理的发展史与案例研究，包括工程伦理的观念史、实践史，以及典型的工程伦理案例研究；第三，工程师的伦理责任和伦理准则研究，包括在工程设计、施工、运转与维护等各个环节中工程师所面对的伦理义务；第四，大型工程实践的伦理考量研究，包括如何将伦理考量融入工程实践中，如何使伦理学家参与大型工程实施过程，如

[①] 该数据来自 2022 年 3 月 5 日央视财经《对话》栏目。

何对大型工程进行伦理评价，以及不同类型工程的伦理考量等涉及制度建设的问题；第五，工程伦理教育研究，包括工程伦理教育的目标、内容、方法、实施，卓越工程师的培养，以及与工程界在教育方面的合作等问题；第六，工程伦理建设的公众参与与沟通研究，包括公众参与的原则、方法、程序、平台控制与限度，以及大型工程的舆论沟通、伦理传播与误解消除等问题；第七，中国工程伦理问题，包括中国工程伦理的地方性与国际化，中国工程伦理的现状、问题和对策，中外工程伦理理论和实践的比较，中国大型工程的伦理等问题。总而言之，工程伦理研究的内容归根结底是要为提升工程和工程师的伦理水平服务，因而工程实践的发展及其变化对工程伦理研究有重要的影响。

1. 禁止作用

禁止，即不许可。2021年9月25日，科技部发布了由国家新一代人工智能治理专业委员会制定的《新一代人工智能伦理规范》，共六章二十五条。第一章总则中的第三条规定了人工智能各类活动应遵循的基本伦理规范。第一，增进人类福祉；第二，促进公平公正；第三，保护隐私安全。在保护隐私安全方面着重强调了要"充分尊重个人信息知情、同意等权利，依照合法、正当、必要和诚信原则处理个人信息，保障个人隐私与数据安全，不得损害个人合法数据权益，不得以窃取、篡改、泄露等方式非法收集利用个人信息，不得侵害个人隐私权"。第三章"研发规范"的第十条强化自律意识。"加强人工智能研发相关活动的自我约束，主动将人工智能伦理道德融入技术研发各环节，自觉开展自我审查，加强自我管理，不从事违背伦理道德的人工智能研发。"第五章使用规范中的第二十条：禁止违规恶用。"禁止使用不符合法律法规、伦理道德和标准规范的人工智能产品与服务，禁止使用人工智能产品与服务从事不法活动，严禁危害国家安全、公共安全和生产安全，严禁损害社会公共利益等。"

"基因婴儿编辑事件"曾在社会上引起剧烈反响。2016年6月，南方科技大学副教授贺某私自组织包括境外人员参加的项目团队，蓄意逃避监管，使用安全性、有效性不确切的技术，实施国家明令禁止的以生殖为目的的人类胚胎基因编辑活动。2017年3月至2018年11月，贺某通过他人伪造伦理审查书，招募8对夫妇志愿者（艾滋病病毒抗体男方阳性、女方阴性）参与试验。为规避艾滋病病毒携带者不得实施辅助生殖的相关规定，策划他人顶替志愿者验血，指使个别从业人员违规在人类胚胎上进行基因编辑并植入母体，最终有两名志愿者怀孕，其中1名已生下双胞胎女婴"露露""娜娜"，另1名在怀孕中。其余6对志愿者有1对中途退出试验，另外5对均未受孕。该行为严重违背伦理道德和科研诚信，严重违反国家有关规定，在国内外造成恶劣影响。调查组有关负责人表示，对贺某及涉事人员和机构将依法依规严肃处理，涉嫌犯罪的将移交公安机关处理。对已出生婴儿和怀孕志愿者，广东省将在国家有关部门的指导下，与相关方面共同做好医学观察和随访等工作。2018年11月27日，中国科学院学部科学道德建设委员会在中国科学院学部官方网站发表声明，其中提到，"我们高度关注此事，坚决反对任何个人、任何单位在理论不确定、技术不完善、风险不可控、伦理法规明确禁止的情况下开展人类胚胎基因编辑的临床应用。我们愿意积极配合国家及有关部门和地区开展联合调查，核实有关情况，并呼吁相关调查机构及时向社会公布调查进展和结果。"资料显示，我国于 2003 年颁布的《人胚胎干细胞研究伦理指导原则》规定，可以以研究为目的，对人体胚胎实施基因编辑和修饰，但体外培养期限自受精或核移植开始不得超过 14 天，而本次"基因编辑婴儿"如果确认已出生，属于被明令禁止的，将按照中国有关法律和条例进行处理。

2. 预防作用

预防是指预先做好事物发展过程中可能出现偏离主观预期轨道或客观普遍规律的应对措施。"明者防患于未萌，智者图患于将来"。守护安全，最有效的办法就是坚持以预防为主，保持"时时放心不下"的高度警觉，最大限度地降低事故概率。工程伦理的预防作用主要体现在以下几个方面：第一，工程伦理规范和指南可以帮助工程师明确工程实践中的伦理要求和责任，提供行动指南，预防和解决潜在的伦理问题。例如，"中国化工学会工程伦理守则"第二条规定，"如发现工作单位、客户等任何组织或个人要求其从事的工作可能对公众等任何人群的安全、健康或对生态环境造成不利影响，则应向上述组织或个人提出合理化改进建议；如发现重大安全或生态环境隐患，应及时向应急管理部门或其他有关部门报告；拒绝违章指挥和强令冒险作业"。第二，工程伦理审查和监督机制可以确保工程设计和实施符合伦理标准与价值观，减少对环境和社会的负面影响，预防工程伦理问题的发生。第三，工程伦理教育能够提高工程师的伦理意识和社会责任感，从而在工程设计和实施中考虑到环境、社会及伦理的影响，预防和减少工程实践中可能产生的伦理问题。第四，工程伦理研究可以帮助人们深入了解工程实践中的伦理问题、原因和影响，为制定有效的预防和解决策略提供科学依据。

值得注意的是，工程伦理的预防作用不是绝对的，它需要与工程实践中的其他控制措施一起发挥作用，共同保障工程的伦理性和可持续性。2017 年 3 月 13 日，一名自称是陕西奥凯电缆有限公司员工的网友在网上发布了一篇名为《西安地铁你们还敢坐吗》的帖文。帖文称，西安地铁三号线存在安全事故隐患，原因是整条线路所用电缆偷工减料，各项生产指标都不符合地铁施工标准，电缆线径的实际横截面面积小于标称的横截面面积，会造成电缆电线的发热过高，不仅会损耗大量动力，还可能发生火灾。西安市政府就有关舆情作出回应称，送检随机取样的 5 份样品，后发现 5 份电缆样品均为不合格产品。在这起案件中，因为陕西奥凯电缆有限公司技术人员的及时举报，才使问题电缆存在的严重安全隐患得以解决。这起案件涉及多名工程技术人员严重违纪违规，可见，工程伦理的预防作用不是绝对的，它需要与工程实践中的法律法规协同发挥作用。

3. 激励作用

激励即激发、鼓励之意。工程伦理的激励作用主要体现在物质激励和精神激励两个方面，具体包括以下几个方面：第一，薪酬激励。一些公司和组织会为那些在工程实践中表现出良好伦理行为的工程师提供额外的薪酬奖励，这种物质激励能够激发工程师对伦理道德的重视。第二，荣誉激励。在工程领域，许多专业组织和机构会为那些在工程实践中表现出高尚伦理品质和行为的工程师颁发荣誉奖项，这种荣誉激励能够激发工程师的自我价值和尊严，促使他们更加注重伦理道德。第三，职业发展激励。对于工程师来说，他们的职业发展往往与他们的伦理道德表现相关。一些组织和机构在选拔与提升工程师时，会考虑他们的伦理道德表现，这种职业发展激励能够激发工程师对伦理道德的关注和重视。第四，社会认同激励。毫无疑问，好的工程会大大增进人类福祉，甚至是改善人的生存方式和状态。当工程师在工程实践中表现出良好的伦理行为时，他们往往会得到社会的认可和赞誉，这种社会认同激励能够激发工程师对伦理道德的重视。2006 年，中信—中铁建联合体通过投标中标的阿尔及利亚东西高速公路是马格里布高速公路的中心环节，自西向东贯穿阿尔及利亚全境，一旦建成就会大大加强非洲国家之间的联系，有利于加强非洲新型伙伴关系，促进区域内基础设施建设。另外，东西高速公路项目将成为阿尔及利亚经济增长的发动机，将创造 10 万个就业机会，促进行业发展，开发地方资源，减少交通事故，吸引外来投资，形成阿尔及利亚新的社会经济发展空间。2023 年 8 月 12 日，由中国路桥工程有限责任公司承建的科特迪瓦经济首都阿比让科科迪斜拉桥项目竣工通车。科科迪桥项目主线总长约为 1.63 千米，其中主桥为钢槽梁单塔斜拉形式，全长为 630 米，主跨长为 200 米，主塔高为 108.6 米。科特迪瓦总统瓦塔拉当天在出席大桥竣工仪式时感谢中国企业为修建大桥作出的贡献。他表示，大桥通车将有效缓解阿比让市区交通拥堵的现状，是改善民生的高品质工程。[①] 那么，工程师究竟被工程实践活动中的什么因素所吸引？工程的意义和价值无疑是其中不可缺少的重要因素。

需要注意的是，工程伦理的激励作用不是简单的线性关系，它受到众多因素的影响，如激励方式、激励程度、个人价值观等。因此，为了充分发挥工程伦理的激励作用，人们需要深入了解这些影响因素，并制定合理的激励策略。

1.5　工程实践中的伦理问题

工程实践中的伦理问题涉及甚广，不同的工程领域既有共性问题，也有个性差异。从内外部的角度来看，工程实践中的伦理问题主要包括工程的技术伦理问题、工程的利益伦理问题、工程的责任伦理问题和工程的环境伦理问题四个方面。

---

① 图片报道，人民日报 2023 年 8 月 14 日，第 03 版。

技术本身没有道德、伦理的品质，但设计、开发、使用技术的人会赋予其伦理价值。技术伦理问题主要关注的是工程技术活动中的道德问题和伦理挑战，强调伦理介入技术的必要性，从而保证科技向善。常见的工程的技术伦理问题如下。

(1)技术安全，即工程师有责任确保他们所设计和实施的技术系统是安全的，不会对人类或环境造成伤害。这包括避免技术失败或意外造成的损害，以及确保技术的长期可持续性和可维护性。

(2)技术公正，即工程师需要确保他们的技术决策是公正的，不偏袒任何一方，并且对所有利益相关者都公平对待。这包括避免利益冲突，确保技术的公平性和无歧视性。

(3)技术隐私，即工程师需要保护个人和群体的隐私权，避免数据泄露和滥用。这包括在设计和技术实施中考虑到隐私保护的需求，并应遵守相关的隐私法规和指导原则。

(4)技术伦理性，即工程师需要考虑技术的伦理性，权衡技术决策对社会、环境和伦理的影响。这包括评估技术的道德价值和伦理原则，以及考虑技术的可持续性和社会责任。

(5)技术决策，即工程师需要确保技术决策是基于事实、证据和专业的判断，而不是基于个人偏见、利益或其他非专业因素。这意味着工程师需要开放地考虑所有相关因素，并在决策过程中保持透明度和可解释性。

以人工智能技术的快速发展和广泛应用为例。随着智能时代的大幕逐步拉开，无处不在的算法和数据正在催生一种新型的人工智能驱动经济及社会形式发展。预测显示，未来20年内，90%以上的工作或多或少都需要数字技能。人工智能确实发挥了它"向善"的科技力量，例如，人工智能与医疗、教育、金融、政务民生、交通、城市治理、农业、能源、环保等领域的结合，可以更好地改善和持续造福于人类社会，但同时也带来了隐私保护、虚假信息、算法歧视、网络安全等伦理与社会问题，从而引发了全社会对新技术如何带来个人和社会福祉最大化的广泛讨论。基于此，人工智能伦理从幕后快速走到大众视野，成为纠偏和矫正科技行业狭隘的技术维度及利益局限的重要保障。越来越多的学者开始认识到并郑重呼吁，要使伦理成为人工智能研究与发展的必要组成部分。为此，我国先后出台了《新一代人工智能治理原则——发展负责任的人工智能》(2019年)、《新一代人工智能伦理规范》(2021)、《关于加强科技伦理治理的意见》(2022年)和《科技伦理审查办法(试行)》(2023)，以上努力都是为了通过人工智能与伦理治理的有机结合，引导人工智能走上"科技向善"的健康发展之路。

总之，技术伦理问题主要涉及技术发展与人类价值观的冲突，如技术的滥用、安全问题、对人类生活和生态环境的负面影响等。技术的发展应用离不开伦理原则提供的价值引导。解决工程的技术伦理问题需要工程师在职业实践中遵循良好的道德规范和伦理标准，同时，也需要社会各界共同努力，制定相关法规和指导原则，以确保技术发展的道德和社会责任。

1.5.2 工程的利益伦理问题

工程的建造过程中涉及各种利益分配的问题。利益伦理问题主要是指利益分配和协调，如利益冲突、公平性问题、对利益相关者的损害等。工程的利益伦理问题主要关注的是工程活动中利益关系所带来的道德问题和伦理挑战。以下是几个常见工程的利益伦理问题。

(1)利益冲突，即工程师需要在工程活动中避免利益冲突，以确保他们的决策不会对任何一方产生不公平的利益损失。这需要工程师在决策时保持公正和客观，避免偏袒任何一方。

(2)利益最大化和最小化，即工程师需要在工程活动中平衡各方利益，权衡不同利益相关者的需求和期望，以实现利益最大化和最小化的合理平衡。

(3)公平和公正，即工程师需要确保工程活动中的利益分配是公平和公正的，所有利益相关者都应该按照其贡献和需求得到相应的利益回报。

(4)社会责任，即工程师需要认识到工程活动对社会和环境的影响，并在工程活动中积极履行社会责任，关注社会和环境的可持续发展。

解决工程的利益伦理问题，需要工程师在职业实践中遵循良好的道德规范和伦理标准，同时，也需要社会各界共同努力，制定相关法规和指导原则，以确保工程活动的利益关系得到公正和可持续的平衡。

2015年11月，经湖北省环保厅批复、省发改委核准，仙桃市政府引进盈峰环境科技集团，以BOT模式合作兴建的生活垃圾焚烧发电厂开工建设。项目位于干河街道办事处郑仁口村，占地120亩，设计能力为日焚烧垃圾1 000吨，日发电量19万度，各项排放指标优于国家标准。2016年6月25日，锅炉本体安装基本完工，烟囱施工至70米，工程总量完成70％左右。当日上午，仙桃市干河办事处一带群众因反对垃圾焚烧发电厂项目选址，发生规模性聚集，部分情绪激动的群众试图封堵沪渝高速公路，这是一起典型的因"邻避效应"引发的群体性事件。当时市政府果断采取措施：对煽动滋事者依法予以处理，同时决定停止生活垃圾焚烧发电项目。市政府表示，在没有征得群众充分理解支持的情况下一定不开工，整个工程要全程确保群众知情权。所谓邻避效应，是指居民或当地单位因担心建设项目(如垃圾场、核电厂、殡仪馆等邻避设施)对身体健康、环境质量和资产价值等带来诸多负面影响，从而激发人们的嫌恶情结，滋生"不要建在我家后院"的心理，即采取强烈和坚决的、有时高度情绪化的集体反对甚至抗争行为。在世界各国，"邻避效应"都是社会治理中的一大难点、痛点。"邻避效应"为什么会产生？一些有环境风险的项目产生的利益由社会全体成员共享，而潜在的不良后果却多由项目附近的居民承担。在人们环保意识日益觉醒的今天，这样的项目往往会遭到当地居民的反对。

垃圾焚烧发电的处理方式占用耕地少，不会污染地下水，可有效实现生活垃圾减量化、资源化和无害化处理，是大势所趋，更是目前城市健康发展的刚性需求。在对"6·25"事件进行深刻反思、积极整改的过程中，仙桃市委、市政府认识到，项目信息不透明、与群众沟通不充分、科普不到位，是导致事件发生的重要原因，指出用公开求得公信、用对话取代对立、用尊重民意避免漠视舆论，是打开群众"心结"的关键。随后书记、市长挂帅，全市万余名干部、群众参与，一场声势浩大的释疑解惑、宣传教育活动在仙桃城乡展开。截至 2017 年 4 月 28 日，全市共发放宣传手册 24.8 万册，折页类公开信 24.7 万份，组织召开课（会议）5 485 次，播放宣传片 7 085 次，面向全市农村发放公开信 25.8 万张。工作组共入户 13.555 6 万户，发放并回收《生活垃圾焚烧发电项目意见调查表》33.931 9 万份，入户率达 99.91%，群众对项目的支持率高达 99%。宣教活动消除了群众对垃圾焚烧发电项目的疑问。按照"前瞻性规划、一揽子解决、合理化循环、生态友好安全"的思路，仙桃市委市政府重新调整规划，以垃圾焚烧发电厂为中心，建设一座各类垃圾循环利用的循环经济产业园，最终形成"一园五厂三基地"的总体布局，即建设一座生态森林公园；建设一座总规模为 1 000 吨/日的生活垃圾焚烧发电厂、一座总规模为 6 万吨/日的生活污水处理厂、一座总规模为 150 吨/日的餐厨垃圾处理厂、一座年处理为 50 万立方米能力的建筑垃圾处理厂、一座规模为 200 吨/日的污泥处理厂；建设一座环保科技馆，打造环保教育基地、科普教育基地、市民教育基地。通过产业园建设，带动周边 6 个村落路、桥基础设施建设和旅游、生态种养产业发展，使群众从项目建设中实实在在获益。

通过以上案例不难发现，邻避项目建设运营过程中，无疑需要政府、企业和公众三者的良性互动，特别是要设身处地地维护项目周边群众的切身利益。首先，企业应坚持信息透明化，向公众和政府提供完全的信息，消除信息不完全和不对称对公众心理及政府决策的负面影响。为此，企业除进行商务分析外，还应进行简明扼要、系统的风险分析，制订风险减轻与控制方案，并及时公开，吸收公众和政府的意见，确保受影响区拥有知情权、表达权。其次，企业应遵循社区自愿和企业满意的原则进行选址，主动寻找自愿性社区，绝不能单厢情愿，也不能依靠政府指定。最后，政府应出台受影响区域生态补偿与经济补偿制度，给项目所在地的发展机会损失、环境污染和生态恢复予以补偿，确保受影响区域的利益不受到损失。

1.5.3 工程的责任伦理问题

责任伦理问题主要涉及工程事故的责任和追究，如责任不明确、责任逃避、对受害者的赔偿等问题。工程的责任伦理问题主要关注的是工程师在工程活动中所应承担的责任和义务，以及对其行为后果的伦理评价。常见工程的责任伦理问题主要包括以下几个方面。

（1）责任担当。工程师需要认识到自己在工程活动中的重要性和影响力，并积极承担起对工程质量和安全的责任。

（2）后果负责。工程师需要对自己的决策和行为负责，并对其产生的后果负责。这包括对工程的质量、安全、环境和社会影响等方面的责任。

（3）风险防范。工程师需要采取必要的风险防范措施，以降低工程活动中可能出现的风险和危害。

（4）社会责任。工程师需要认识到工程活动对社会和环境的影响，并在工程活动中积极履行社会责任，关注社会和环境的可持续发展。

（5）诚实守信。工程师需要遵守诚实守信原则，确保自己的决策和行为符合职业道德及法律法规的要求。

解决工程的责任伦理问题需要工程师在职业实践中遵循良好的道德规范和伦理标准，同时，也需要社会各界共同努力，制定相关法规和指导原则，以确保工程师在工程活动中能够承担起应尽的责任和义务，并对其行为后果进行合理的伦理评价。

美国东部时间 2018 年 3 月 19 日晚间 10 时许（北京时间为 2018 年 3 月 20 日），一辆优步（Uber）自动驾驶车在亚利桑那州坦贝市向北行进时，撞上了一位推着自行车、穿越斑马线的 49 岁女子，致其身亡。事发时，虽有驾驶者在车上，但车辆以自动驾驶模式行进。事后的现场画面显示，除女子的自行车遭撞变形外，优步（Uber）进行自动驾驶路测的沃尔沃 XC90 车头也被撞坏。据悉，这是全球首起涉及自动驾驶汽车路测撞死行人的交通事故。警方调查确认，事故发生时，肇事车辆正处于自动驾驶模式，车辆行驶速度为大约 64 千米/小时，并且事发时汽车没有减速迹象。据悉，涉事自动驾驶车辆当时正处于自动驾驶模式，车上配置了一名安全员。但在车辆测试过程中，这名安全员有三分之一的时间视线都不在前方道路上，甚至事故发生前她还观看视频节目长达 42 分钟。美国国家运输安全委员会得出的结论是，如果安全员保持足够警惕，该车祸"是可以避免的"；优步（Uber）公司的安全意识也亟待提高。根据调查，该公司的自动驾驶软件在设计时并没有考虑到人行横道外的行人可能会突然横穿马路的情况。事故发生后，优步（Uber）科技公司暂停了自动驾驶汽车在北美地区的测试，但在事故发生 9 个月以后，优步（Uber）又恢复了该项目。事后，美国检方认定：该事故由司机疏忽导致，优步（Uber）对此不担负任何刑事责任，涉事安全员被指控犯有过失杀人罪，但她只承认了一项危害罪，并在这次判决中被判处三年缓刑。

假设高速行驶的自动驾驶汽车，避让行人会导致主驾身亡，不避让则会导致行人死亡。实际上，自动驾驶的"电车难题"背后就是两个伦理冲突的算法设定问题：如果相撞不可避免，牺牲自己还是他人？如果牺牲他人不可避免，牺牲多些还是少些？自动驾驶汽车在危险情况下可以不计后果地保护自己的主人吗？如果自动驾驶汽车在极端情况下必须撞人，是牺牲少数人拯救多数人吗？如果发生致死事故，如何定责？谁应该承担主要责任？这一案件无疑暴露出自动驾驶新技术所面临的道德与法律挑战。

1.5.4 工程的环境伦理问题

自20世纪中期以来，随着科学技术的突飞猛进，人类以前所未有的速度创造着社会财富与物质文明，但同时也严重破坏着地球的生态环境和自然资源，例如，由于人类无节制地乱砍滥伐，致使森林锐减，加剧了土地沙漠化，生物多样性减少，地球增温等一系列全球性的生态危机。这些严重的环境问题给人类敲响了警钟。世界各国认识到生态恶化将严重影响人类的生存，不仅纷纷出台各种法律法规以保护生态环境和自然资源，而且开始思考如何谋求人类和自然的和谐统一，由此便产生了环境伦理观的发展。环境伦理是人们满足环境本身的存在要求或存在价值的问题。环境问题的实质不是环境对于人们传统的需要而言的价值，而是对后现代文明而言的价值，简单地说，就是环境在满足了人的生存需要之后，人类如何满足环境的存在要求或存在价值，而同时人类满足自身的较高层次的文明需要。

《中华人民共和国环境保护法》规定，一切单位和个人都有保护环境的义务，企业应当防止、减少环境污染和生态破坏。《中华人民共和国节约能源法》规定，任何单位和个人都应当依法履行节能义务。《建设项目环境保护管理条例》规定，工业建设项目应当采用能耗物耗小、污染物产生量少的清洁生产工艺，合理利用自然资源，防止环境污染和生态破坏。上述法律法规在环境风险管控方面对工程活动主体提出了明确要求，为实现工程实践中的环境保护和能源节约提供了法律保障。然而，在法律底线的基础之上，工程实践中还涉及各种复杂的环境伦理问题。

环境伦理问题主要包括工程与环境的关系，工程的环境伦理问题主要关注的是在工程活动中如何保护和改善环境，以及如何处理人、自然和社会之间的关系，如环境保护、资源利用、生态平衡等问题。工程师需要认识到工程活动对环境的影响，并尽可能地减少对环境的负面影响。常见工程的环境伦理问题包括以下几个方面。

（1）生态保护，即工程师需要保护生态环境，避免对自然生态系统的破坏和损害。

（2）资源利用，即工程师需要合理利用资源，避免浪费和过度消耗。

（3）可持续发展，即工程师需要遵循可持续发展的原则，确保工程活动不会对环境产生不可逆转的影响。

（4）人类中心主义和自然中心主义，即工程师需要认识到人类中心主义和自然中心主义的差异，并在工程活动中平衡两者的利益和需求。

解决工程的环境伦理问题需要工程师在职业实践中遵循良好的环境伦理规范，同时，也需要社会各界共同努力，制定相关法规和指导原则，以确保工程师在工程活动中能够保护和改善环境，并处理好人、自然和社会之间的关系。

针对以上这些伦理问题，工程伦理的研究旨在于提供指导和规范工程实践的伦理原则及标准，以促进工程的可持续性和社会责任。同时，通过工程伦理教育提高工程师的伦理意识和责任感，以确保在工程设计和实施中关注伦理问题。

 案例分析及思考

关注青藏铁路建设生态环境保护①

2023年青藏铁路正式进入动车时代。青藏铁路全长为1 956千米，近一半线路海拔在4 000米以上，是各族群众眼里的团结线、经济线、生态线和幸福线。

青藏铁路全线投入20亿元用于环保工程建设，主要用于途经地区的草甸、灌木丛地带的植被移植养护、修建30处野生动物的通道，以及进行冻土区植被恢复试验研究。投入如此巨资从事铁路建设环保工作，这在中国铁路建设史上还是首次，而仅仅为了高原生态面貌不遭受破坏，中华人民共和国生态环境部等部门对青藏铁路建设的环保工作调查表明，青藏铁路自2001年6月底开工建设以来，青藏高原的水环境没有发生明显变化，生态植被和野生动物也得到了有效保护。为了保护青藏铁路沿线的生态环境，建设者们在施工前、施工中、施工后都采取了一系列有效措施，中铁二局承建的10标段、29标段沿线的羊八井至格达温泉自然保护区、林周潮波黑颈鹤自然保护区是"要特别注意保护"的，需要"尽量维持其面貌"的。中铁二局为了保护沿线生态环境，可谓煞费苦心。

施工前：防患于未然

在施工设计中，中铁二局就把对施工沿线的环境保护工作进行了详细的安排，对环境保护的方针、监理、检查、审批制度等作了详细的规定，例如，对遗弃物在工地的环境保护、废弃土石的防护、临时工程设置与施工管理，以及水土保持、隧道出渣等都进行了详细的规定。开工前，所有的临时、正式工程都制订了切实可行的环保措施，并经生态环境部、监理审批及优化后方能开工。

---

① 案例来源：中国西藏新闻网，https://www.xzzw.com/xw/2015-03/18/content_1265610.html.

为强化职工的环保意识，中铁二局专门邀请专家对各级管理人员作环保专题讲座，并派专人组织职工学习环境保护的法律法规；由指挥部指挥长、总工程师等参加青藏铁路拉萨指挥部和青藏铁路环境保护监理站组织的唐拉段施工环境保护培训班，向所有施工人员发放《施工人员环保手册》《管理人员环保手册》。

施工中：保护优先

在中铁二局管段内，竖着6块写着"保护环境，爱我西藏；爱护环境，珍爱地球"等字样的大型公益标牌。在施工中，保护环境的举措也是多不胜举。正式开工以后，中铁二局首先成立了以指挥长为第一责任人的"中铁二局青藏铁路工程指挥部环境保护委员会"，这个环境委员会将负责贯彻执行有关环境保护、水土保持、野生动物保护法法规和标准，落实设计和施工组织设计中的环境保护措施，开展高原高寒植被工程技术研究等工作。

为了保护青藏铁路沿线的一草一木及野生动物，各施工场地周围均设置了钢丝网和绿色塑料网进行隔拦，界定了作业区和活动范围，防止施工人员和施工机械、车辆随意进入施工场地以外的区域；营地和施工便道尽量选取在无植被或植被较差的地方；在温地路基施工过程中，首先界定施工范围并对范围内的草甸进行移植、养护；在路基基底处理过程中，严格按照设计要求施工，确保地下水流向路基基础外和路基两侧的草地。

生活垃圾集中回收、分类处理，生活污水经氧化处理后排放，生产污水经沉淀处理后排放，含油废水经涌油池处理后回收……所有的措施都是为了坚持保护优先的原则，都是为了把青藏铁路建设成一条世界铁路建设史上具有时代意义的生态绿色通道。

施工后：山河依旧

施工后，人们看到的不是车辙留下的裸露土地，也不是坑坑洼洼的土地。每个施工点完工后，建设者们平整并使用合适的土料覆盖地表，清理便道两侧施工弃物，尽量恢复地面的天然状态。羊八井一号隧道进口便道施工后，为防止草皮被河水冲坏，在堆龙曲与草甸之间设置了300余米长的石笼保护草甸。对羊八井二号隧道出口段路基边坡进行了草皮移植，撒播草籽种草等多种方式进行绿化恢复。在柳吾隧道原开工场地，种植了大量柳树……经过建设者们的努力，铁路沿线和自然保持着和谐，人们乘火车经过时看不出青藏铁路沿线景观有什么变化。

在中铁二局的施工现场都用绿色防护网、彩旗、钢丝网规定了施工者的活动范围，任何人走出规定范围将处1万元以上的罚款。一些人可能认为这是小题大做，但中铁二局的环保负责人可不这样认为。"西藏的生态环境十分脆弱，一旦破坏很难恢复，我们不能破坏范围之外一草一木！"

思考题

对青藏铁路修建过程中的环保工程建设，你有什么看法？联系本章所学的内容与案例分析方法，谈谈你对工程实践中呈现的伦理问题的理解和认识。

拓展资料

[1]陈万求. 马克思主义与当代中国：工程技术伦理研究[M]. 北京：社会科学文献出版社，2012.

[2]方旺春，汪荣有. 大学生活的伦理思考[M]. 合肥：安徽大学出版社，2013.

[3]王玉岚，等. 工程伦理与案例分析[M]. 北京：知识产权出版社，2021.

[4]杨先艺，朱河. 中国节约型社会的造物设计伦理思想研究[M]. 武汉：武汉理工大学出版社，2021.

[5]柳琴，史军. 能源伦理研究[M]. 北京：气象出版社，2019.

[6]温宏建. 伦理与企业[M]. 北京：商务印书馆，2020.

[7]原华荣. 生态目的性与环境伦理[M]. 北京：中国环境科学出版社，2013.

[8]杨泽波. 儒家生生伦理学引论[M]. 北京：商务印书馆，2020.

[9]丛杭青. 工程伦理[M]. 杭州：浙江大学出版社，2023.

[10][英]特雷弗·I. 威廉斯. 技术史[M]. 姜振寰，张秀杰，司铁岩，译. 北京：中国工人出版社，2021.

工程的价值与实践原则

学习目标

从总体上了解和掌握工程伦理中有关价值、利益分配及公正的基本概念，了解工程的巨大正面价值，认识工程负面价值的产生机理，坚定从事工程职业的决心和信心。对工程实践中的利益分配等公正问题有比较深刻的认识和比较强的敏感性，了解有关公正的基本原则，以及在工程中实现公正的基本机制和途径。

学习要点

◎ 工程的价值

◎ 工程的向善宗旨

◎ 工程实践中公正问题

素质提升

◎ 工程向善

◎ 公平正义

◎ 科技伦理

案例导入

世界水利工程之最：三峡工程[①]

1919 年，孙中山先生在《建国方略》之二《实业计划》中，首次提出建设三峡工程构想。2020 年 11 月，截断巫山云雨的"国之重器"三峡工程建设终于画上圆满句号。三峡工程仿佛一座历史的丰碑，镌刻着中华民族的一段百年梦想，是迄今为止世界上规模最大的水利枢纽和综合效益最广泛的水电工程。

---

① 案例来源：中国政府网，http://www.gov.cn/govweb/jrzg/2007-02/12/content_525139.htm.

三峡水利枢纽工程建设过程

1992年4月3日，七届全国人大五次会议通过《关于兴建三峡工程的决议》，完成三峡工程的立法程序并进入实施阶段。

1993年9月27日，中国长江三峡工程开发总公司在宜昌市正式成立。

1994年12月14日，三峡工程正式开工。

1997年11月8日，三峡工程胜利实现大江截流，第一阶段建设目标完成，大江截流后，水位从原来的66米提高到88米，三峡一切景观不受影响。

1998年，三峡工程进入第二阶段的建设。

2000年，三峡工程机组安装开始。

2002年10月10日，国务院三峡工程二期工程验收委员会枢纽工程验收专家组会议在坝区召开，导流明渠截流前验收工作正式启动。10月21日，三峡大坝最关键的泄洪坝段已经全部建成，全线达到海拔185米大坝设计高程。10月25日，国务院召开长江三峡二期工程验收委员会全体会议，同意枢纽工程验收组关于在2002年11月实施导流明渠截流的意见。10月26日，全长1.6千米的三峡左岸大坝全线封顶，整段大坝都已升高到海拔185米设计坝顶高程。10月29日，国务院原总理朱镕基主持国务院三峡工程建设委员会第十一次会议，同意国务院三峡二期工程验收委员会的意见，决定在11月6日进行导流明渠截流合龙。11月7日，世界上最大的水轮发电机组转子在三峡工地成功吊装，标志着三峡首台机组大件安装基本完成，从此进入总装阶段。12月16日，三峡工程三期碾压混凝土围堰开始浇筑。三期围堰设计总浇筑量为110万立方米，将与下游土石围堰一起保护右岸大坝、电站厂房及右岸非溢流坝段施工，是实现三期工程蓄水、通航、发电的关键性工程。

2003年4月11日，三峡工程临时船闸停止通航运行，长江三峡水域拟实行为期67天的断航，至6月16日恢复通航，与此同时，翻坝转运工作全面启动。4月16日，三峡三期碾压混凝土围堰全线到顶，比合同工期提前55天达到140米设计高程。4月22日，三峡工程左岸临时船闸改建冲沙闸工程开工。4月27日，三峡工程二期移民工程通过国家验收。这标志着三峡移民工作取得重大阶段性成果，三峡库区135米水位线下移民迁建及库底清理工作已全面完成，达到三峡工程按期蓄水的要求。5月21日，国务院长江三峡二期工程验收委员会枢纽工程验收组正式宣布，三峡二期工程达到蓄水135米水位和船舶试通航要求。同意三峡工程6月1日下闸蓄水，并可以在2003年6月实施永久船闸试通航。6月，第二期工程结束后，水位提高到135米，三峡旅游景区除张飞庙被淹将搬迁，其余景区基本保存。

2006年，长江水位提高到156米，仅屈原祠的山门被淹将重建。5月，全长约为2 308米的三峡大坝全线建成，全线浇筑达到设计高程185米，是世界上规模最大的混凝土重力坝。

2007 年，三峡大坝景区成为首批国家 5A 级旅游景区。

2008 年 6 月 6 日，《中国工业发展报告——中国工业改革开放 30 年》过程中，中国社会科学院工业经济研究所专家和学者评选出了"中国工业改革开放 30 年最有影响力的 30 件大事"，三峡工程名列其中。

2009 年，整个三峡工程竣工后，水位提高到 175 米，少数石刻搬迁，石宝寨的山门将被淹 1.5 米。

2016 年 9 月 18 日下午，三峡升船机试通航，游轮"乘电梯"翻越大坝。

三峡移民任务：投资 55 亿元搬迁安置 4.73 万人

国务院三峡办确定了 2007 年三峡移民工作任务，计划安排移民投资 55 亿元，搬迁安置三峡库区移民 4.73 万人。

记者在召开的三峡工程移民工作会上了解到，2007 年三峡移民工作的主要任务是合理确定三峡水库年度蓄水目标；科学编制三峡移民工程年度计划，安排移民投资 55 亿元，搬迁安置移民 4.73 万人，建房 149.2 万平方米；剩余工矿企业 69 家全部搬迁完毕；完成库周交通道路 1 076 千米，修建桥梁 9 088 延米和渡口 60 处；搬迁孤岛 73 座；新建学校 60 所，完成 180 所学校的补偿；实施移民技能培训 35 000 人；全面完成三期高切坡工程治理任务，初步建成三峡库区高切坡监测预警体系；生态建设和环境保护补偿投资 1.05 亿元。

国务院三峡办副主任高金榜在会议中强调，国务院三峡办还要组织落实三峡库区移民规划调整和增加概算资金工作，全面实施农村移民后期扶持和城镇移民扶助政策，进一步加强对口支援工作，力争引入库区公益性项目资金 1 亿元，合作项目 100 个，项目资金 60 亿元，输出移民劳务 1 万人。

高金榜进一步指出，按调整后的移民安置规划和目前的施工进度，2007 年及之后一段时期三峡移民搬迁安置任务依然艰巨。从投资强度来看，2007 年和 2008 年仍然是投资安排重点年。

三峡移民搬迁

1992 年，三峡移民工程启幕，历时 18 年，约 130 万移民告别故土，其中农村移民搬迁安置 55.07 万人（包括外迁 19.62 万人）。迁建城市 2 座、县城 10 座、集镇 106 座，搬迁安置 74.57 万人（含工矿企业搬迁人口）。移民搬迁后的居住条件、基础设施和公共服务设施明显改善；移民生产安置措施得到落实，生产扶持措施已见成效，移民生活水平逐步提高，充分体现了"以人为本、关注民生、保护环境、持续发展"的库区移民安置规划理念，促进了库区经济发展与环境保护的良性循环。"截断巫山云雨，高峡出平湖"成为现实，三峡移民"舍小家为大家"，为三峡工程的修建作出巨大的牺牲和贡献。移民们迁离旧地，重新开始。移民的安置主要通过就地后靠、就近搬迁、举家外迁等开发性移民，进行大规模的基础设施建造和产业建设，改善民众的生活水平。

1993 年 8 月 17 日，原总书记江泽民主持召开中央财经领导小组第七次会议，重点研究了三峡库区移民和资金筹措工作，决定"中央统一领导，分省负责，县为基础"。同年 8 月 19 日，国务院原总理李鹏签发《长江三峡工程建设移民条例》。1994 年 4 月 7 日，国务院办公厅发出《国务院办公厅转发国务院三峡工程建设委员会移民开发局关于深入开展对口支援三峡工程库区移民工作意见报告的通知》（国发〔1994〕58 号）。同年 6 月 18 日，国务院原副总理邹家华主持会议，研究三峡工程建设和移民问题，实行分省负责、经费包干使用。

1993 年 5 月，三峡工程坝区移民第一村——中堡岛新居民点动工建设。在此期间，共完成坝区移民 1.2 万人。1993 年 11 月底，三峡工程坝址——中堡岛文物挖掘抢救工作结束。经国务院批准，三峡库区最大的重点移民工程——川东天然氯碱工程于 1994 年 12 月 28 日开工。

三峡工程建设意义

三峡工程是迄今世界上综合效益最大的水利枢纽，发挥了巨大的防洪效益和航运效益。三峡大坝建成后，形成长达 600 千米的水库，采取分期蓄水，成为世界罕见的新景观。工程竣工后，水库正常蓄水位 175 米，防洪库容 221.5 亿立方米，总库容达 393 亿立方米，可充分发挥其长江中下游防洪体系中的关键性骨干作用，并显著改善长江宜昌至重庆 660 千米的航道，万吨级船队可直达重庆港，发挥防洪、发电、航运、养殖、旅游、南水北调、供水灌溉等十大效益，是世界上任何巨型电站无法比拟的。

一、防洪效益

通过建设三峡工程，长江形成了以三峡工程为骨干、效益巨大的防洪体系。通过科学调度，三峡工程的防洪调控范围已从当初设计的荆江河段向下游拓展，对城陵矶及武汉河段也发挥了巨大的防洪作用。三峡水库运行时预留的防洪库容为 221.5 亿立方米，水库调洪可削减洪峰流量达 27 000～33 000 立方米/秒，属世界水利工程之最。从 2008 年试验性蓄水至 2020 年 8 月底，三峡水库累计拦洪总量超过 1 800 亿立方米。2010 年、2012 年、2020 年入库最大洪峰均超过 70 000 立方米/秒，经过水库拦蓄，削减洪峰约 40%，极大减轻了长江中下游地区防洪压力。

二、航运效益

三峡水库回水至西南重镇重庆市，它将改善航运里程 660 千米，年单向通航能力由 1 000 万吨提高到 5 000 万吨。改善航道条件也是建设三峡工程的一个题中之义。三峡船闸自 2003 年试通航以来，过闸货运量快速增长，2011 年首次突破 1 亿吨，2019 年达 1.46 亿吨，截至 2020 年 8 月底，累计过闸货运量 14.83 亿吨，有力推动了长江经济带发展。三峡工程被称为世界上改善航运条件最显著的第一枢纽工程当之无愧。

三、抗旱功能

下游大旱时，三峡可加大放水力度，增大下泄流量，使抗旱局面得以有效缓解。三峡工程主要设计者、长江水利委员会总工程师、中国工程院院士郑守仁介绍说，抗旱功能是三峡水利枢纽新增的一个功能。他说：三峡工程设计时只有防洪、发电、航运和供水功能。补水功能是考虑到下游两岸的居民和生产用水，但还要满足抗旱用水。这部分水量需求比较大。

四、发电和节能减排功能

发电和节能减排方面，三峡电站安装 32 台 70 万千瓦水轮发电机组和 2 台 5 万千瓦水轮发电机组，总装机容量为 2 250 万千瓦，年发电量超过 1 000 亿千瓦时，是世界上装机容量最大的水电站。截至 2020 年 8 月底，三峡电站累计发电量 13 541 亿千瓦时，有力支持了华东、华中、广东等地区电力供应，成为我国重要的大型清洁能源生产基地。源源不断输送的优质清洁电力能源相当于节约标准煤 4.3 亿吨、减少二氧化碳排放 11.69 亿吨。

交流互动

结合以上材料，在你看来，工程都有哪些方面的价值？工程实践活动的展开往往与哪些个人或组织有利益关联？

2.1　工程的价值

价值理论的许多矛盾与争论，从根本上讲，源于对价值的不同定义，以及在此基础之上产生的人们对于价值概念的不同理解。从认识论来说，价值属于反映主客体之间意义关系的哲学范畴，是指客体对个人、群体乃至整个社会的生活和活动所具有的意义。从这个意义上讲，谈论价值离不开主体的需要，也离不开客体的性质、结构和属性。所以，认为价值是客体本身所固有的，而与主体无关的客观主义价值论，认为价值是主体的欲望、情感和兴趣，而与客体无关的主观主义价值观，都是片面的、不正确的。在此基础上，本书所讨论的"工程的价值"，即工程实践活动对主体需要的服务和满足情况。正是从这个意义上讲，人类的发展过程在本质上正是价值的创造与价值消费的持续过程。

2.1.1　工程活动的服务对象

工程活动的服务对象即价值关系的主体。没有主体，就不存在价值关系。从总体上讲，工程活动旨在提高人类福祉。从目前来看，工程活动的开展普遍以项目作为基本单元，各个工程项目都是服务于特定的对象或目标人群，具有特定的指向性。因为同一工程活动可能对不同主体具有不同的价值。从总体上来看，工程活动主要服务于以下对象。

（1）业主。业主即项目的所有者，可能是个人或组织。他们通常负责项目的资金和规划，并决定项目的整体目标和要求。工程活动的一项主要服务对象就是业主，工程师与建筑师们需要理解和满足业主的需求，帮助他们实现项目目标。

（2）承包商。承包商是负责执行工程项目的公司或团队。他们负责具体的施工、安装和运维等工作。对于工程活动来说，承包商是服务对象之一，工程团队需要与承包商密切合作，确保项目按照计划和标准进行。

（3）金融机构。对于一些大型工程项目，金融机构可能会为项目的资金提供贷款或投资。工程团队需要与金融机构合作，确保项目财务方面的稳定和合规。

（4）工程咨询公司。工程咨询公司是提供专业工程知识和经验的公司或团队。他们可以提供设计、可行性研究、项目管理等专业服务。对于工程活动来说，工程咨询公司是服务对象之一，工程团队需要与咨询公司合作，利用他们的专业知识和经验，提高项目的效率和效果。

（5）项目投资者。项目投资者是投入资金以获取项目利润的人或组织。他们关注项目的投资回报和风险。对于工程活动来说，项目投资者是服务对象之一，工程师和建筑师需要理解投资者的需求及期望，以制订出能够满足其需求的工程方案。

总体来说，工程活动的服务对象非常广泛，包括但不限于业主、承包商、金融机构、工程咨询公司和项目投资者。这些对象对项目的成功都起着重要的作用，因此，对于任何一个工程项目来说，都需要充分理解和满足这些服务对象的需求与期望。

2.1.2 工程的多元价值

价值的多维性是指每个主体的价值关系具有多样性，同一客体相对于主体的不同需要会产生不同的价值。价值的多维性要求人们在看待价值关系时，应对客体的价值作全面的考察和理性的选择。一直以来，相当一部人认为，工程有且仅有经济价值，事实上，这是非常狭隘的观点。工程活动可以在许多方面发挥重要的作用。首先，工程是具有较强的价值导向性的人类改造自然界的实践活动；其次，工程可以在经济、政治、社会、文化、科学、生态等诸多方面发挥价值，而且即使是某一领域的一项工程在其他维度也具有价值。众所周知，水利工程是为了控制、利用和保护地表及地下的水资源与环境而修建的各项工程建设的总称，按其服务对象可分为防洪工程、农田水利工程、水力发电工程、航道和港口工程、供水和排水工程、环境水利工程、海涂围垦工程等。能够为防洪、供水、灌溉、发电等多种目标服务的水利工程，一般称为综合利用水利工程。如前所述，三峡工程是迄今为止世界上规模最大的水利枢纽和综合效益最广泛的水电工程，其首要任务是防洪，但其同样能够发挥发电、航运和水资源利用等方面的重要功能。

（1）工程的经济价值。首先，工程建设可以促进经济的发展。在项目的建设过程中，需要投入大量的资金、人力和物力，这些资源的投入和消耗都会带动相关产业的发展，推动经济的增长。例如，建筑业的发展会带动建材、机械、电力等相关行业的发展，为经济增长作出贡献。其次，工程建设可以为社会创造更多的就业机会，提高人民的收入水平。工程建设需要大量的人力资源，包括管理人员、技术人员和施工人员等，这些职位可以吸纳大量的就业人口，提高就业率。同时，随着经济的发展和人民收入水平的提高，人们的购买力也会增强，进一步促进经济的发展。另外，工程建设还可以为国家增加税收。在工程建设过程中，需要购买大量的建材、机械和设备等，这些都可以作为税收的来源。同时，工程建设完成后，也可以通过征收物业税等方式，为政府带来持续的税收收入。总之，工程的经济价值表现在多个方面，对经济增长、就业增加和税收增加等方面都有着重要的作用。

（2）工程的政治价值。工程的政治价值在很多方面都有体现，如军事价值。工程的先进技术往往会被率先用于开发武器装备，如核武器，这体现了其军事价值。再如，国家安全价值。在某些关键工程领域，如信息技术、人工智能、生物技术等，工程的发展直接关系到国家的安全和国防实力。这些领域的工程应用为国家提供了重要的战略资源，同时，也为国家的安全提供了技术保障。

（3）工程的社会价值。工程的社会价值表现在提升社会生产力和生活质量、推动社会文化发展等多个方面，对于社会的进步和发展有着重要的作用。首先，工程活动是社会进步和发展的重要推动力。通过建设道路、桥梁、水利工程、通信设施等基础设施，工程活动为社会的经济活动提供了基础支撑，为人们的生产、生活提供了便利。其次，工程活动对于提升人们的生活质量有着重要的作用。例如，通过建设住宅、学校、医院等设施，改善了人们的生活条件；通过发展交通、通信、能源等基础设施，提高了人们的生活便利性和生活质量。另外，工程活动对于社会文化价值的提升也有着积极的作用。例如，通过建设文化设施、发展文化产业，可以促进文化的传承和发展；通过工程技术的运用，可以为人们提供更多的文化娱乐活动，丰富人们的精神生活。

（4）工程的生态价值。近年来，工程的生态价值越来越受到多方关注。工程的生态价值表现在环境保护、资源节约、能源利用、循环利用和生态修复等多个方面，对于促进可持续发展和生态文明建设具有重要的作用。工程的生态价值表现在以下几个方面：第一，环境保护。工程建设在施工过程中可能会对环境产生一定的影响，如排放污染物、破坏植被等。因此，通过采取环保措施，可以减少工程对环境的负面影响，保护生态环境。第二，资源节约。工程建设的目的是满足人们的需求，但同时也需要尽可能地节约资源，如能源、水资源、土地资源等。通过采用节能、节水、节地等技术和措施，可以有效地节约资源，提高工程的经济和生态效益；第三，能源利用。工程建设需要大量的能源支持，而能源的利用也可能会对环境产生负面影响。因此，通过开发利用新能源、提高能源利用效率等措施，可以减少工程对环境的负面影响，提高能源利用效率；第四，循环利用。工程建设需要大量的材料和资源支持，而一些材料和资源可能会被废弃。通过采用循环利用技术，可以有效地将废弃物再次利用，减少浪费和污染。第五，生态修复。工程建设还涉及生态修复方面，如土地复垦、植被恢复、水体治理等。通过采用生态修复技术，可以有效地恢复受损的生态系统，提高生态环境的健康和稳定性。

(5)工程的科学文化价值。工程的科学文化价值与工程的实用性和艺术性相辅相成，共同构成了人类文化和科技进步的重要基础。工程的科学价值主要体现在工程活动可以促进科学技术的发展和创新，推动科技进步和文明进步。例如，工程实践中需要解决许多技术难题，如建筑设计中的结构分析、计算机科学中的算法设计等，这些问题需要科学技术提供解决方案。同时，工程实践也是科学理论得以实现和验证的重要途径，如量子力学、电磁学等理论在工程中的应用和验证。工程的文化价值是指工程是人类文化的重要组成部分，它反映了人类对世界的认知、价值观和审美情趣。工程活动是一种文化传承和表达的方式，它可以将人类优秀的思想、文化和传统代代相传。例如，古代的建筑、雕刻和绘画等工程作品，都是人类文化艺术的瑰宝，具有极高的文化和艺术价值。同时，现代的工程实践也可以促进文化的交流和发展，如在全球化的背景下，各种文化在工程建设中的融合和交流。

中国传统社会小贴士：

　　战国时期以来，我国农业生产力大发展有三个重要标志，即铁器牛耕的推广，兴建大规模的农田水利灌溉工程，确立精耕细作技术体系。

2.2　工程实践的利益攸关方

　　利益攸关方，即利益相关方。利益相关方是指在组织的决策或活动中有重要利益的个人或团体。这些个人或团体与组织的业绩或成绩有重要利益关联。利益相关方可以是组织内部的，如组织内的安质部门的相关方，包括组织内的其他各部门及其各级员工；也可以是组织外部的，如银行、社会、合作伙伴、政府部门等(表2-1)。

表 2-1 "中国中铁股份有限公司 2021 社会责任报告"之"利益相关方沟通和关键议题重要性评估"

利益相关方	利益相关方说明 (Description of Stakeholders)	沟通方式或渠道 (Communication Channels)
政府及监管机构 (Government and Regulatory Authorities)	税务、环保、安全等部门，地方政府、证监会等监管机构 Tax, environmental and security authorities, local government, CSRC	政策执行、公文往来、信息报送、机构考察、参加相关会议、专题会议、日常工作会议、信息披露等 Implementation of policies, official documents, reporting, inspection, participating in relevant meetings, dedicated meetings, routine meetings, information disclosure
股东及投资者 (Shareholders and Investors)	对中国中铁进行合法股权、债券投资的投资人 Investors with legalinvestments in the equity interests and secure ties of CREC	股东大会、企业年报、业绩发布、公司网站、信息披露、日常接待、电话答疑等 Shareholders' meeting, annual reports, results announcement, corporate website, information disclosure, visit reception, telephone inquiry
客户 (Customers)	通过购买中国中铁的产品或服务，与中国中铁有直接的经济关系的企业或个人 Enterprises and individuals with direct economic connections with CREC through buying its products or services	服务热线、售后服务、座谈与走访等 Service hotline, after-sales services, meetings and visits
供应商 (Suppliers)	向中国中铁合法提供产品或服务的企业或个人 Enterprises and individuals legally providing products or services to CREC	公开招投标程序、合同谈判、日常业务交流等 Public tenders, contract negotiation, daily business exchanges
合作伙伴 (Partners)	与中国中铁达成合作共识的企业或机构 Enterprises and individuals entering into cooperation with CREC	合作谈判、日常工作会议等 Cooperation nogotiations, regular meetings
员工 (Employees)	与中国中铁签订正式劳动合同及常年服务于中国中铁业务的人员 Individuals entering into formal labor contracts with CREC and serving it full-time	工会、职工代表大会、员工手册、员工活动、员工培训等 Trade union, employee representatives' meeting, staff manual, staff activities, staff training

利益相关方	利益相关方说明 (Description of Stakeholders)	沟通方式或渠道 (Communication Channels)
社区及公众 (Community and Public)	运营所在地社区、社会公众、非营利组织等 Communities in which GREC operates, socialpublic and nonprofitable organizations	社区活动、员工志愿者活动、公益活动、社会事业支持等 Community activities, voluntary activities, public welfare activities, social cause support
高校及科研机构 (Colleges and P&D Institutes)	与中国中铁建立合作关系的大学、学院、科研机构等 Colleges and R&D institutes in cooperation with CREC	公司招聘宣讲、员工进修、研讨会、学术交流等 Recruitment sessions, staff training, seminars, academic exchanges

2.2.1 工程实践活动的直接利益攸关方

(1)业主。业主是工程实践活动的投资者，他们期望在工程中实现特定的目标或功能。业主的利益通常包括低投资、高收益、短时间和质量合格的工程结果。

(2)咨询部门。咨询部门是为业主或承包商提供专业建议和服务的机构。他们的利益通常包括合理的报酬、松弛的工作进度表、迅速提供信息和迅速决策。

(3)承包商。承包商是负责实施工程项目的实体。他们的利益通常包括获得优厚的利润、及时提供施工图纸、最小的变动、原材料和设备及时送达工地、公众无抱怨及可自己选择施工方法等。

除上述直接利益攸关方外，工程实践活动还有可能对环境、社会及经济产生影响，这些影响也可能涉及其他的利益相关者，他们可能具有影响力、合法性和紧迫性等特征。例如，工程实践活动的社会成本主要表现在对环境的影响、对社会造成的影响、对经济的影响。这些影响可能涉及公众、政府、环保组织等利益相关者。需要注意的是，每个工程项目的情况都可能有所不同，因此，具体的利益攸关方及其利益诉求会有所不同。在工程实践中，需要充分考虑到这些利益攸关方的利益和诉求，以确保工程项目的顺利实施和成功交付。

2.2.2 工程实践活动的间接利益相关方

(1)政府部门。政府部门在工程实践中扮演着重要的角色，包括制定和执行法规、政策及标准等。政府的利益通常包括促进经济发展、社会稳定、环境保护等方面。

(2)社会公众。社会公众是工程实践活动的潜在影响者，他们的利益可能包括环境保护、健康和安全、文化传承等方面。

（3）行业组织。工程行业组织是工程实践活动的支持者和协调者，他们的利益通常包括促进行业发展、推广技术进步、提高行业形象等方面。

（4）学术机构。学术机构在工程实践中提供技术研究和咨询服务，他们的利益通常包括推广新技术、提高学术地位、促进研究成果转化等方面。

这些间接利益相关方的利益和诉求可能会对工程实践活动产生重要的影响，因此，在工程实践中需要充分考虑这些方面，以避免对间接利益相关方造成不利影响。同时，对于一些具有争议性的工程实践活动，还需要进行社会风险评估和公众参与，以保障社会公共利益。

2.3　工程向善与伦理先行

2.3.1　工程向善

价值观是人们关于价值本质的认知，以及对人和事物的评价标准、评价原则及评价方法的观点的体系。通俗地说，价值观是人们关于应该做什么和不应该做什么的基本观点，是区分好与坏、对与错、善与恶、美与丑等的总观念。价值观有先进与落后、正确与错误、消极与积极之分。马克思主义价值观以绝大多数人的利益为评价是非、善恶、美丑的标准。归根结底是以社会的进步和人类的解放为标准。

自然界出现人类以前，具体事物具有的规定、性能、规律、本质像未经开发的宝藏，静静地沉睡在具体事物之中没有被开发出来，所以没有如今所谓的抽象事物。抽象事物是人为了自己的需要，把具体事物具有的内在规定、规律、性能从具体事物中分解和抽象出来，并加以冠名形成和产生的认识对象。随着人类思维认识能力的提高，真和假、美和丑、好和坏、善和恶这些具体形式的抽象事物逐步被人从客体具体事物中分解和抽象出来了。人们关于价值、好、坏、善、恶知识的形成和产生，同具体事物、同人的生存发展需要、同人脑的思维分解和抽象活动有密切关系。

真、善、美是人脑在感官观察接触客观具体环境、现象、事物的基础上，通过对具体事物的分析比较从其中分解和抽象出来的，有利于人类生存发展的、对人类的生存发展具有正面意义、正面价值和正面意识的认识对象，是具体事物、具体现象、具体事情、具体行为具有的，能够引起人们对它产生兴趣并进行关注，使人在接受并获得该具体事物作用和影响的过程中，生理和心理的需求得到满足，产生快乐、幸福、称心如意等美好感觉的性质和能力，是和假、恶、丑相区别的相对抽象事物。

向善是指助人为乐，做对他人有益的事情。工程向善是一种理念，它鼓励工程师在设计和实施过程中考虑社会责任及道德价值，以创造更好的社会和人类福祉。这种理念对于确保工程的正当性和合理性具有重要意义，也是未来工程师应该秉持的重要价值观之一。具体而言，工程向善是指将工程技术和道德伦理相结合，以创造更好的社会和人类福祉为目标。它强调了工程活动的社会责任和道德价值，鼓励工程师在设计和实施过程中考虑社会效应及可持续性。具体来说，工程向善的表现可以包括以下几个方面。

（1）社会责任感。工程师有责任确保他们的技术和设计对人类及环境具有积极的影响。他们应该致力于减少对环境的负面影响，如排放污染物、破坏生态环境等。同时，他们还应该努力提高工程项目的社会效益，如提供就业机会、改善生活质量等。

（2）可持续发展。工程师应该考虑工程项目的长期影响，包括环境影响和社会影响。他们应该努力确保工程项目不会对环境造成不可逆转的破坏，同时，也要考虑到社会效应，确保项目能够持续为社会做出贡献。

（3）人道主义精神。工程师应该以人为本，致力于改善人类福祉。他们应该尽可能地减少工程活动对人们的负面影响，如安全风险和噪声污染等。同时，他们也应该致力于创造更加宜居和便利的生活环境，如城市规划和交通规划等。

（4）保证透明和公正。工程师应该确保他们的技术和设计是公正及透明的，也应该避免利用技术手段操纵和欺骗公众，同时，还应该尊重不同群体的意见和利益。

2.3.2 伦理先行

随着我国科技创新快速发展，面临的科技伦理挑战也日益增多，但科技伦理治理仍存在体制机制不健全、制度不完善、领域发展不均衡等问题，难以适应科技创新发展的现实需要。构建覆盖全面、导向明确、规范有序、协调一致的科技伦理治理体系成为当务之急。2022年3月，中共中央办公厅、国务院办公厅印发了《关于加强科技伦理治理的意见》，从明确科技伦理原则、健全科技伦理治理体制、加强科技伦理治理制度保障、强化科技伦理审查和监管、深入开展科技伦理教育和宣传等方面作出具体部署。这是我国科技伦理治理的标志性事件，意味着科技伦理的顶层设计和治理体系日趋完善。

科技伦理是开展科学研究、技术开发等科技活动中需要遵循的价值理念和行为规范，是促进科技事业健康发展的重要保障，这一工作受到党中央、国务院的高度重视。2019年10月，我国国家科技伦理委员会正式成立。在这一委员会的指导下，科技部会同相关部门，将科技伦理治理放在事关科技创新工作全局的重要位置，加快推进我国科技伦理治理各项工作——先后成立国家科技伦理委员会人工智能、生命科学、医学三个分委员会，推动相关部门成立科技伦理专业委员会，指导各地结合工作实际，建立或筹建地方科技伦理委员会；在《中华人民共和国科技进步法》等相关立法中对科技伦理作出明确规定，推动相关部门出台了一批科技伦理治理制度；在国家中长期科技发展规划和《"十四五"科技创新规划》等制度性安排中将科技伦理与科技创新同谋划、同部署、同布局。

从全球范围看，科技伦理治理也是一项富有挑战性的工作。近年来，我国积极参与国际科技伦理规范的制定，先后组织力量参加世界卫生组织《卫生健康领域人工智能伦理与治理指南》、联合国教科文组织《人工智能伦理问题建议书》等起草工作，与欧盟科技创新委员会联合举办中欧科技伦理和科研诚信研讨会，共谋科技伦理共治。

人工智能、基因编辑、辅助生殖技术……近年来，中国科技创新快速发展，越来越多的前沿探索闯入"无人区"，面临的科技伦理挑战也日益增多。我国科技伦理治理工作总体上起步较晚，体制机制不健全、制度不完善、领域发展不均衡等问题仍比较突出，对科技伦理治理提出了更高要求。《关于加强科技伦理治理的意见》突出问题导向，首次对我国科技伦理治理工作作出了系统部署。"遵循增进人类福祉、尊重生命权利、坚持公平公正、合理控制风险、保持公开透明"是本次意见明确的五个基本原则，而"伦理先行、依法依规、敏捷治理、立足国情、开放合作"则是《关于加强科技伦理治理的意见》中确立的五个科技伦理治理要求。

坚持伦理先行，要侧重伦理风险防控，关口前移，将科技伦理的要求贯穿科技活动的全过程，覆盖到科技创新的各个领域。对于科研单位和科研人员来说，既不可以"干了再说"，先做创新，再谈伦理，也不能把科技伦理简单化或泛化。要在开展科技活动前，主动进行科技伦理的风险评估，对于涉及科技伦理风险的、达到科技伦理审查规范要求的，必须及时开展审查。换而言之，要坚持促进创新和防范风险相统一，强化底线思维和风险意识，主动开展前瞻研究，对风险及时从规制上予以应对，由此，努力实现科技创新高质量发展与高水平安全的良性互动。

科技要创新，伦理须先行。科技伦理是开展科学研究、技术开发等科技活动需要遵循的价值理念和行为规范，是促进科技事业健康发展的重要保障。随着我国前沿科技迅猛发展，很多领域进入"创新先行区"，相关科技伦理治理缺乏先例和经验，出现政策规范透明度和清晰度不足、科学普及与科技伦理宣传不够、行政干预与公众参与的沟通协商机制不健全等现实问题。只有加强源头治理，注重预防，将科技伦理要求贯穿科学研究、技术开发等科技活动全过程，才能促进科技活动与科技伦理协调发展、良性互动，实现真正负责任的创新实践。

科技创新伦理先行，要依法依规。科学技术是一把双刃剑。当前，生命科学、人工智能等领域新兴技术快速发展，推动生产方式、社会结构和生活方式发生深刻变革，但也带来伦理风险。例如，数字化治理有利于疫情防控、社会安全保障，同时，也会出现侵犯个人隐私、利用大数据实施精准诈骗等犯罪行为；生命科学的发展使许多原先的不治之症有了新希望，却也出现了违背科学伦理的生物试验等活动。要实现新兴技术为人类造福的"向善"目标，就必须加快推进科技伦理治理法律制度建设，完善科技伦理相关标准，明确科技伦理要求，引导科技机构和科技人员合规合法开展科技活动。

科技创新伦理先行，要精准治理。前瞻性预见"非科技伦理"虽难，却很有必要。科技伦理治理具有两面性：治理不足会导致过度或未知的伦理风险，过度治理又会限制前沿科学技术的发展。面对新兴科技领域，伦理治理的流程或框架不宜过于死板，而应该提高国家科技伦理风险研判和治理决策能力，加强科技伦理风险预警与跟踪研判，及时动态调整治理方式和伦理规范，快速、灵活应对科技创新带来的伦理挑战。

科技创新伦理先行，要立足国情。党的十八大以来，我国组建国家科技伦理委员会，完善相关科技伦理治理体制机制，建立起有中国特色、符合我国国情的科技伦理体系。科技活动要坚持和加强党中央的集中统一领导，坚持以人民为中心的发展思想，强化底线思维和风险意识等，都是立足于中国国情而产生、经实践检验有效的。这些科技伦理治理的"中国经验"，需要继续发扬光大。

科技创新伦理先行，要开放合作。科技伦理治理不是一个国家面临的问题，而是世界各国共同面临的问题，国际科技伦理治理体系的构建经验值得借鉴。在科技伦理治理方面，我们应该坚持开放发展理念，加强对外交流，建立多方协同合作机制，为积极推进全球科技伦理治理贡献中国智慧和中国方案。科技发展越快，就越凸显科技伦理的重要性。科技伦理治理先行，才能使科学技术有序发展，真正实现科技向善、造福人类。

2.4　工程实践的规范体系

工程实践的规范体系是确保工程质量和安全、提高工程效益的重要保障。同时，它也为施工管理人员和技术人员提供了明确的技术指导，确保了施工活动的科学性和规范性。在进行工程实践时工程师必须遵守这些规范和要求，以确保工程项目的合理性和安全性。同时，规范体系也需要不断更新和完善，以适应不断变化的工程技术和市场需求。工程实践的规范体系是指规定工程活动的标准和要求的总称。它包括以下几个方面的规范和要求。

2.4.1　技术规范

技术规范是标准文件的一种形式，是规定产品、过程或服务应满足技术要求的文件。它可以是一项标准（技术标准）、一项标准的一部分或一项标准的独立部分。其强制性弱于标准。当这些技术规范在法律上被确认后，就成为技术法规。技术规范规定工程项目的建设标准、技术要求和施工工艺等，包括设计规范、施工规范、验收规范等。在工程施工活动中，对施工工艺、作业方法、材料使用等方面进行规定的标准或法规。它主要涵盖了以下几个方面。

(1)施工工艺规范。施工工艺规范如各类工程的施工工艺标准，包括从设计、选材、施工到验收等各环节的详细要求。例如，桥梁、道路、隧道等工程的施工工艺都有明确的规定。以隧道工程为例，我国具体制定了洞口工程施工工艺标准、明洞及洞门施工工艺标准、超前支护施工工艺标准、洞身开挖施工工艺标准、初期支护施工工艺标准、防排水施工工艺标准、二次衬砌施工工艺标准、超前地质预报施工工艺标准、监控量测施工工艺标准、水沟等附属结构施工工艺标准、路面工程施工工艺标准等。

(2)施工设备规范。施工设备规范针对各类施工设备的使用、保养、维修等方面进行规定，以确保设备的正常运行，提高施工效率。例如，为加强施工现场机械设备管理，保证机械设备技术状况良好，预防机械事故，减少环境污染制定的《施工现场机械设备检查技术规范》(JGJ 160—2016)。该规范由中华人民共和国住房和城乡建设部于2016年9月5日发布，自2017年3月1日起实施。

(3)材料规范。材料规范规定了工程所使用的各种材料的标准和规范，包括原材料、半成品、成品等，以确保工程质量。

(4)质量检验规范。质量检验规范规定工程的质量检验标准和检验方法，以确保工程质量符合要求。以建筑工程的施工质量验收为例，应按照现行的《建筑工程施工质量验收统一标准》(GB 50300—2013)进行。该标准是建筑工程专业工程施工质量验收规范编制的统一准则，各专业工程施工质量验收规范应与该标准配合使用。

(5)安全规范。安全规范规定了工程施工中的安全规定和安全技术要求，以确保工程施工安全。如《建设工程施工现场供用电安全规范》(GB 50194—2014)，是为了在建设工程施工现场供用电中贯彻执行"安全第一、预防为主、综合治理"的方针，确保在施工现场供用电过程中的人身安全和设备安全，并使施工现场供用电设施的设计、施工、运行、维护及拆除做到安全可靠、确保质量、经济合理制定的规范。

2.4.2 质量标准

根据国家标准《质量管理体系基础和术语》(GB/T 19000—2016)的定义，质量是指客体的一组固有特性满足要求的程度。客体是指可感知或可想象到的任何事物，可能是物质的、非物质的或想象的。固有特性是指本来就存在的，尤其是那种永久的特性。质量由与要求有关的、客体的固有特性，即质量特性来表征。以建设工程项目质量为例，建设工程项目质量是指通过项目实施形成的工程实体的质量，是反映建筑工程满足法律、法规的强制性要求和合同约定的要求，包括在安全、使用功能及在耐久性、环境保护等方面满足要求的明显和隐含能力的特性总和。其质量特性主要体现在适用性、安全性、耐久性、可靠性、经济性及与环境的协调性六个方面。

质量标准是工程施工过程中必须遵循的重要标准之一，它是对工程质量进行评判和验收的依据。质量标准规定工程项目的质量要求和验收标准，以确保工程项目的安全性和可靠性。在工程施工过程中，施工方必须按照工程质量标准对工程质量进行严格把控，以确保工程的质量和稳定性。同时，工程质量标准也是施工企业进行自我管理和提高的核心要素之一，它可以帮助企业提高工程质量、降低成本、提高市场竞争力。以建筑工程为例，工程质量标准以现行国家建筑工程施工质量验收规范体系为基础，融入工程质量的分级评定，以便统一施工企业建筑工程质量的内部验收方法、质量标准、质量等级评定及检查评定程序，为创工程质量的"过程精品"奠定基础。工程质量标准包括以下几个方面：

《建筑工程施工质量统一标准》(ZJQ00—SG—013—2006)；

《建筑地基基础工程施工质量标准》(ZJQ00—SG—014—2006)；

《砌体工程施工质量标准》(ZJQ00—SG—015—2006)；

《混凝土结构工程施工质量标准》(ZJQ00—SG—016—2006)；

《钢结构工程施工质量标准》(ZJQ00—SG—017—2006)；

《屋面工程施工质量标准》(ZJQ00—SG—018—2006)；

《地下防水工程施工质量标准》(ZJQ00—SG—019—2006)；

《建筑地面工程施工质量标准》(ZJQ00—SG—020—2006)；

《建筑装饰装修工程施工质量标准》(ZJQ00—SG—021—2006)；

《建筑给水排水及采暖工程施工质量标准》(ZJQ00—SG—022—2006)；

《通风与空调工程施工质量标准》(ZJQ00—SG—023—2006)；

《建筑电气工程施工质量标准》(ZJQ00 SG—024—2006)；

《电梯工程施工质量标准》(ZJQ00—SG—025—2006)。

2.4.3 职业操守规范

操守是指人的品德和气节，是为人处世的根本，在人们的社会生活中有着重要的作用。生而为人，不能没有操守。在一定意义上说，操守是作为个体的人被社会和群体认同，并得以自由生存和共处的基本前提。因此，操守常常被看作一个人安身立命的基石，为人处世的基本原则。应该将它看得比生命还重要。职业操守是指公正有德，不为个人或小团体之利而损害企业或股东的利益。人们常用王昌龄的诗句"洛阳亲友如相问，一片冰心在玉壶"来表白自己坚贞的操守、光明磊落的品格和对谤议的蔑视。

职业操守是指人们在从事职业活动中必须遵从的最低道德底线和行业规范，包括职业道德、职业素养、职业安全等。职业操守具有"基础性""制约性"特点，凡从业者必须做到。职业操守既是对从业人员在职业活动中的行为要求，又是对社会所承担的道德、责任和义务。一个人无论从事何种职业，都必须具备良好的职业操守，否则将一事无成。良好的职业操守包括以下几点。

（1）遵守组织法规。遵守一切与组织业务有关的法律法规，并始终以诚信的方式对人处事，是人们的立身之本，也是每个员工的切身利益所在。

（2）确保单位资产安全。确保公司的资产安全，并保证公司资产仅用于公司的业务。这些资产包括电话、设备、办公用品、专有的知识产权、秘密信息、技术资料和其他资源等。

（3）诚实地制作工作报告。正确并诚实地制作工作报告是每个员工的基本责任。这里的工作报告是指在业务活动中产生的或取得的信息记录，如工作记录、述职报告或报销票据等。任何不诚实的报告，如虚假的费用报销单、代打卡等都是绝对禁止的。禁止向公司内部或外部组织提供不实的报告，或者误导接收资料的人员。尤其要注意，向政府机关提供不实的报告将可能导致严重的法律后果。

（4）不泄密给竞争对手。与竞争对手接触时，应将谈话内容限制在适当的范围。不要讨论定价政策、合同条款、成本、存货、营销与产品计划、市场调查与研究、生产计划与生产能力等内容，也要避免讨论其他任何联想的信息或机密。身为一名员工，可能会知悉有关所在公司或其他公司尚未公开的消息。常见的内幕消息包括未公开的财务数据、机密的商业计划，拟实施的收购、投资或转让，计划中的新产品。作为员工，不要将这些泄露给竞争对手。

另外，工程实践的规范体系还包括管理规范，即规定工程项目的组织管理、计划、协调和监控等方面的标准及要求；法律法规，即规定工程活动必须遵守的法律法规和政策，包括《中华人民共和国建筑法》《中华人民共和国环境保护法》《中华人民共和国劳动法》等。

2.5　工程实践的基本原则

2.5.1　工程实践的普遍原则

（1）安全第一原则。无论在任何工程环节都要保证施工人员的人身安全，无论是在高空作业还是在危险区域作业，施工人员都应该佩戴好个人防护装备，以减少意外事故的发生。

（2）质量第一原则。在满足安全性的同时，工程实践必须以质量为核心，确保各项工作的技术、管理、工艺、材料等都符合规范和设计要求，保证工程的稳定性和可靠性。

（3）经济性原则。在满足安全和质量要求的前提下，工程实践应该尽可能地追求经济性，合理控制工程成本，提高经济效益。

（4）可持续性原则。在工程实践中，应该注重资源的节约和环保，合理利用资源，减少对环境的污染和破坏。

（5）社会责任原则。工程实践应该积极履行社会责任，注重公共利益和社会效应，为社会的发展和进步作出贡献。

（6）合作共赢原则。在工程实践中，应该注重各方利益和合作共赢，协调好各方的需求和利益，共同推动工程的顺利实施。

（7）诚实守信原则。在工程实践中，应该遵守法律法规和职业道德规范，诚实守信，维护行业的声誉和信誉。

（8）精细化管理原则。在工程实践中，应该注重精细化管理，严格把控每个环节和细节的质量及安全，确保工程的整体质量和安全。

以上这些基本原则是指导工程实践的重要准则，也是衡量工程质量和安全的重要标准。在工程实践中，必须始终贯彻执行这些原则，以确保工程项目的顺利实施和效益的最大化。

一般来说，工程具有人们期望的正面价值，所以它为谁服务、不为谁服务，就具有很强的公正含义。从工程项目的发起方看，其开展工程活动是瞄准特定的目标人群的；从工程可能的服务对象看，工程产品（服务）的价格及其复杂性等，则会成为他们能否实际享受到工程服务的障碍。总之，工程服务的可及和普惠程度，反映了工程中的公正问题。重点为从工程服务的普及范围来审视公正问题。难点为理解工程产品价格等的公正意义。

通常，工程不仅具有发起方预期的价值，还会对第三方（局外人及生态环境）造成影响甚至负面影响。工程项目的利益和损失及风险的分配不公往往造成邻避效应，所以，应该树立工程活动的社会成本意识，关注利益攸关方的合理关切。重点为应关注国内外针对工程项目发生的邻避活动，对利益攸关方的合法权益给予应有的关注，回应其合理诉求。难点为一般工程技术人员如何树立工程项目的社会成本和利益攸关方意识，增强自己维护和促进工程公正的责任。

"公正"作为伦理学范畴，与"公道"是同义词，与"正义"具有相似的意义。公是无私，是不偏斜。公正就是在调节人们的关系中，出于无私的公心，不偏袒其中的一方而损害另一方应该得到的利益。它是对人们的权利与义务之间、报酬和贡献之间、奖惩与功过之间相称性关系的确立和认可。工程活动中的公正涉及范围很广，因此工程的利益相关性复杂且涉及面大。它不仅涉及工程利益的分配，更涉及工程代价（损害）的分担。这里讲的是，工程利益相关者都有同等享受工程福利的权利，以及有环境和资源利用的权利。这也就是近年来政府所说的让人民群众共同享受改革成果的含义。这意味着没有任何人、种族、集团、国家享有特权，而另一部分人只有义务。生态环境和自然资源不只是某些拥有技术、设备和资金的少数人的财富及私人财产，它属于地球上的每个人。

联合国在1972年的《人类环境宣言》中指出："人类有权在一种能够过尊严的和福利的生活环境中，享有自由、平等和充足的生活条件的基本权利"。公正不仅是就当代人而言的平等权利，它也应包括这代人与下代人之间公正享受地球资源的平等权利。资源应该是人类共同的财富，应该被所有各代人们共同拥有，而不仅是某一代人的财富。然而，有时决策者出于成本、效益及民族本位等其他因素的考虑，便不负责任地把高风险高污染或缺少安全保障的工程项目转移到发展中国家或贫穷落后的地区。例如，美国、法国等核大国多采取在本土以外的地区处理核废料的做法，美国在世界各大洲都埋有核废料。一些发达国家新药开发的人体试验首先在非洲进行。美国控股的世界上最大的化学公司之一"联合碳化物公司"将技术落后、设备陈旧的大农药厂设在印度博帕尔。在远离本土的地方生产，便可在生产条件上放松以节约成本，结果1984年12月3日该厂剧毒物泄漏造成毒气灾难，事故死亡3 000人，20万人受伤，很多人从此失明。这个城市的名字由此成为大意地对待危险化学制品的代名词。这种不是设法消除危害而只是转嫁危险的方式显然是不道德的，因为世界各地的人民应当享有平等的生存权。

一个好的工程应该是一个公正的工程，也就是工程的收益和成本必须在所有的利益相关者之间进行公正的分配。工程是由很多个利益集团组成的利益共同体，如项目投资者、工程设计者、工程实施者、工程使用者、利益受损者等。他们的利益可能不同，有的是工程的受益者，有的是损失者，要协调好各方的利益。和谐的社会要求建造和谐的工程，和谐的工程要求公正、合理地分配工程活动带来的利益、风险和代价，要正确处理好工程移民问题。要使工程能达到这样的目标，建一座工程富一方百姓，而不是建一座工程穷一方百姓。随着我国对公共基础设施的大规模投入，工程移民数量也剧增。例如，三峡水库淹没涉及湖北、重庆的21个县（市区），动迁人口达到100多万人，移民利益保护问题不仅是工程活动关注的重点问题之一，也是整个社会应该关注的问题。在建设和谐社会的今天，对工程移民的利益进行合理的补偿，是构建和谐社会必须重视的问题。作为以服务人类、造福社会为目标的工程活动，其目标就是要为人类带来福祉，而不是给人们带来灾难，应该最小化地减少工程建设活动对周边生活的人们的影响。这也就要求工程活动不能牺牲工程项目所在地周边的人们的生存和发展权益，不能强迫周边的人群牺牲自己的合法利益，去促成工程活动的顺利开展和建设。

一个公正的工程是由公正的社会决策机制来保障的，这就要求工程的所有利益相关者能够加入决策中，使他们能够确切地了解工程活动对他们生活和健康的影响；一个公正的社会决策机制还要求所有利益相关者有一个公开的、平等的协商对话的平台；一个公正的社会决策机制还要求对工程的决策不能侵害公民的基本权利。目前，"官员、专家、企业主"集体决策的机制就存在许多不公正之处，不适当地把利益相关者中的弱势群体排除在决策之外，使他们的利益不能在工程的决策中得到反映。

公正是人类的一项重要追求和关注，为了在工程实践中实现公正，需要对基本公正原则有所了解，对于在工程活动中利益受损的利益攸关方给予补偿。更进一步，应该在工程决策机制中吸收利益攸关方的参与，以确保程序公正。重点为工程实践中的基本公正原则，以及实现工程公正的机制和途径。难点为普通工程技术人员如何在实现工程公正中强化责任意识，作出实际贡献。如何在工程中实现公正原则？如补偿公正、惩罚公正、分配公正、程序公正。一是清楚利益补偿的原则与机制。例如，进行项目社会评价；针对事前无法准确预测项目的全部后果，以及前期未加考量的公正问题，应引入后评估机制；针对仅瞄准目标人群的局限，扩大关注的视域，开展利益相关者分析。二是利益协调机制，保证公众参与。首先，保证公众的知情权，做到知情同意；其次，为保证程序公正，吸收利益攸关方参加到工程的决策、建设和运营之中。

 案例分析及思考

中国铁路建设的战略意义

推动中国铁路高质量发展[①]

铁路作为国家重要基础设施、国民经济大动脉，是推动实现中国式现代化的重要引擎，在中国式现代化建设中扮演着重要的角色。

中国铁路建设助推中国式现代化建设。中国铁路自诞生至今，一直是经济社会发展和国家现代化建设的重要参与者。我国铁路营业里程从中华人民共和国刚成立时的2.18万千米起步，靠肩挑靠背扛，成渝、包兰、兰新、成昆等铁路建设稳步推进，铁路成为社会主义建设当之无愧的开路先锋。改革开放后，在"南攻衡广、北战大秦、中取华东""强攻京九、兰新，速战宝中、侯月，再取华东、西南"等安排下，我国先后建成了横贯东西、沟通南北的铁路大干线，初步构建现代化铁路基础设施体系。进入新时代，铁路建设者们更加坚定自觉肩负起强国的使命任务，树立世界眼光、展现中国特色，力争在今后一个时期，推动铁路高质量发展并率先实现铁路现代化。

中国铁路勇当服务和支撑中国式现代化建设的重要力量。铁路基础设施的现代化，

---

① 案例来源：人民网，http://opinion.people.com.cn/n1/2023/0707/c431649-40030166.html。

要在我国铁路营业里程突破 15 万千米，高铁里程超过 4 万千米等的基础上，对标《新时代交通强国铁路先行规划纲要》提出的 2035 年和 2050 年目标，不断形成规模合理、层次清晰、布局合理的现代化铁路网。铁路运输服务的现代化，就是要对标世界一流服务标准，使运输服务供给实现"走得好""运得畅"，旅客货主"乐在途中"，打造"人享其行""物畅其流"的服务生态圈。铁路治理能力的现代化，就要统筹好发展和安全两件大事，全面构建人防、物防、技防"三位一体"安全保障体系。在加快形成绿色低碳交通运输方式方面，担负起构建绿色综合交通运输体系的骨干力量，充分发挥铁路节能环保的绿色优势，构建起与其他运输方式高效融合的大运输、大物流、大流通格局。服务于高质量共建"一带一路"，以中国高铁"出海"推动"朋友圈"不断扩容，高质量共建"一带一路"特别是在设施联通领域进一步走深走实。

放眼未来，中国铁路必将继续向产业链价值链中高端迈进，加快"走出去"的步伐，成为铁路国际事务及规则制定的重要参与者和贡献者，不断拓展互利共赢的开放新空间。

中国高铁亏损的背后

根据相关数据显示，高铁车身的一节车厢造价就需要 60 万元，而头部车厢的造价更高，足足需要 1 700 万元人民币。但是这还不是最费钱的，最费钱的是铁路成本。相关部门曾发布了一组数据，数据显示建造一段 2 000 千米的铁路，就需要花费 3 000 亿元，这里边还不包括人工成本和物资成本。

国铁集团披露的 2021 年上半年财务决算中显示，2021 年上半年国铁集团实现收入 5 128 亿元，同比增加 982 亿元；净利润亏损 507 亿元，同比减亏 448 亿元，预计 2021 年亏损将超过 1 000 亿元，每天亏损约 3 亿元。高铁亏损早已不是秘密。这在高铁，已经延续了很多年，2020 年，客运收入同比下降 32.7％，亏损当然就会加剧。

高铁亏损无外乎是以下三个原因。

（1）建设成本高。高铁造价是按照里程计算的，虽然中国高铁的造价只有国外的 2/3，但每千米造价都要 1.5 亿元左右，而在高山、沙漠、隧道等恶劣环境的情况下，造价还要更高，像香港的高铁铁路造价就创造了历史最高，每千米达到 30 亿元左右。按全国 4 万运营里程计算，至少投入 6 万亿元。高铁列车的造价也不是小数目，一列常见的和谐号一般是 2 亿元左右，我国现在正在运行的高铁车辆就已经有 2 500 列了，仅目前可见的高铁车辆的基本造价就要 5 000 亿元起步。

（2）运营成本高。如用电量，高铁的电力除维持列车高速运行外，还要保证车内和车外的照明。运行速度越快，耗电量就越大，时速 250 千米的动车的耗电量为每小时 5 000度，时速 350 千米的动车的耗电量为每小时 9 600 度，而且是商业用电，每度至少一元钱。简单算一笔账，从北京西站到济南西站的运行时间约为两小时，速度为每小时 350千米，那这条线一趟的运行耗电量为 18 200 度，也就是 18 200 元，还不包括其他费用。全国 2 500 辆动车，仅电费一项一年就接近 20 亿元。另外，我国的高铁票价要比国外便宜得多，只有国外线路票价的 1/4～1/3。例如，我国从北京到上海的 1 213 千米的高铁，票价不过 551 元。但是日本从东京到大阪不过 550 千米，票价却达到了 14 050 日元（人民币 866 元）。相当于日本高铁每千米比我国高了 1.12 元，也难怪我国高铁回本更难。

（3）维护成本高。全国高铁有近 700 个站点，每站配置 40 人；全国运营车辆 2 500 辆，每车配备 15 人，仅这两项的人工费一年就 30 多亿！高铁虽然亏损，但近些年来，高铁建设从未止步，至 2021 年年底，高铁运营里程已达 4.1 万千米，较 5 年前翻了将近一番，稳居世界第一。按"十四五"计划，到 2035 年，中国高铁运营里程将达 7 万千米。既然已经严重亏损，为何还要继续建设，为啥不放慢脚步，以减缓亏损呢？

1）高铁有着超长的产业链，强力带动了与高铁直接相关的上下游产业全面升级。一条条蜿蜒呼啸的高铁"巨龙"，有着点石成金的"魔力"，让各大产业板块流动升级，旧貌换新颜。投资巨大的高铁建设为钢材、水泥等传统产业提供了前所未有的市场机会。据测算，高铁每亿元的投资，平均消耗 0.333 万吨钢材、2 万吨水泥、3.11 万吨沙土、5.16 万立方米石头和 0.085 亿元设备，还需 22.86 万工时，对相关产业拉动效益在 10 亿元以上，创造就业岗位 600 个。

技术领先的中国高铁，还拉动了冶金、机械、信息、计算机、精密仪器等上下游产业的快速发展。据统计，我国新一代高速动车组零部件生产设计核心层企业近 100 家、紧密层企业 500 余家，覆盖 20 多个省市，形成了一条条庞大的高新技术研发制造产业链，一批关键设备制造企业在产业链上迅速成长。

2）高铁推动了地方经济发展。高铁成网后，通达半径 500 千米的城市群形成 1～2 小时交通圈，实现公交化出行；1 000 千米跨区域大城市间 4 小时左右到达，实现当日往返；2 000 千米跨区域大城市间 8 小时左右到达，实现朝发夕至。

高铁的发展大大强化了中心城市对周边地区的辐射和带动作用，显著拓展了都市圈的覆盖范围，有力促进了京津冀协同发展、雄安新区建设、长三角一体化发展、粤港澳大湾区建设、成渝地区双城经济圈建设等重大战略的落实落地，对于促进经济持续健康发展、加快构建新发展格局意义重大。

特别是党的十八大以来，老少边及脱贫地区建成高铁 2.2 万千米，占同期全国高铁投产里程的 80%，198 个县跨入高铁时代，有效补齐了交通基础设施短板，为脱贫地区全面实施乡村振兴战略、加快融入国家现代化进程奠定了坚实基础。例如，昌赣高铁途经江西万安，万安从"地无寸铁"一步迈入"高铁时代"。万安县花花世界景区，甚至创下了日接待 2 万游客的记录。事实上，花花世界景区自开放以来，已经提供了 200 多个就业岗位，陆续带动 60 多户贫困户种植花卉苗木，增收致富，实现了全面脱贫。

3）高铁出海，意义重大。随着中国铁路技术的突飞猛进，中国铁路加快了走出去的步伐。过去几年，由中国铁路总公司牵头的中国企业联合体"抱团出海"，实现了多个海外项目的落地。目前，印度尼西亚雅万高铁于 2023 年 9 月 7 日正式通车，而泰国 EEC

高铁正在建设中，其他海外建设和推进的铁路项目包括连接中国与老挝的昆明至万象铁路、中泰铁路合作项目、缅甸从木姐至曼德勒的铁路、俄罗斯从莫斯科到喀山的高铁、匈塞铁路、肯尼亚蒙内铁路延长线内马铁路、横跨巴西和秘鲁的两洋铁路等。

中国高铁以建造成本低、交付能力强、运行经验丰富等竞争优势，赢得了世界各国的认可。世界银行中国局原局长马丁·芮泽说："中国修建了世界上最大的高速铁路网，其影响远远超过铁路行业本身，也带来了城市发展模式的改变、旅游业的增长，以及对区域经济增长的促进。"回首中国铁路这100年崛起的速度，快到让人觉得不真实，恍然如梦！我们一直在追求速度，追求更快的客运和货运，还有两者所带来的经济发展。

截至2023年8月，我国"八纵八横"高铁网主通道已建成投产3.53万千米，占比约为77.83%；高铁网已经覆盖了全国95%以上城区人口50万的城市，有力促进我国各区域间的互联互通，积极助力京津冀、长三角、大湾区等区域一体化发展战略实施。2023年，全国铁路预计投产新线3 000千米以上，福州至厦门、南昌至景德镇至黄山、天津至大兴国际机场等一批新线即将投产，为区域经济社会协调发展注入新动力。

思考题

结合本章所学工程的多元价值和工程实践的公正原则，谈谈你对我国高速铁路建设现状和所发挥的多元功能的理解与看法。

 拓展资料

[1]张景林．安全学[M]．北京：化学工业出版社，2009．

[2]段瑞钰，汪应洛，李伯聪．工程哲学[M]．北京：高等教育出版社，2007．

[3]王前．技术伦理通论[M]．北京：中国人民大学出版社，2011．

[4]王前，杨慧民．科技伦理案例解析[M]．北京：高等教育出版社，2009．

[5]李伯聪．工程哲学和工程研究之路[M]．北京：科学出版社，2013．

[6]杨兴坤．工程事故治理与工程危机管理[M]．北京：机械工业出版社，2013．

[7][美]卡尔·米切姆．工程与哲学——历史的、哲学的和批判的视角[M]．王前，等，译．北京：人民出版社，2013．

第 3 章

工程中的风险防控与安全责任

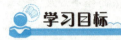

学习目标

从总体上理解和把握风险及风险社会的概念，了解工程中的风险主要的影响因素，特别是在我国现阶段工程中的风险产生的可能性，掌握工程实践中防控风险的主体和必要措施，深刻认识工程实践活动中预防和规避风险的重要性必要性，增强学习和运用工程伦理的自觉性。

学习要点

◎工程风险的来源及防范

◎工程风险伦理评估的原则和途径

◎工程风险中的伦理责任

素质提升

◎社会责任意识

◎底线思维能力

◎辩证思维能力

◎人类命运共同体

案例导入

ChatGPT：基于人类反馈的强化学习型聊天机器人

2023 年年初，一款名为 ChatGPT 的软件异常火爆，它是美国人工智能研究实验室 OpenAI 开发的一种全新聊天机器人模型，能够通过学习和理解人类的语言进行对话，还能根据聊天的上下文进行互动，并协助人类完成一系列任务。问世仅仅两个月，就有超过 1 亿用户。在 SAT（美国大学入学测试）中，ChatGPT 得了 1 020 分，超过了 48％的人类考生。有调查显示，美国有 89％的大学生用 ChatGPT 做作业，还有人用 ChatGPT 写学术论文。甚至，

ChatGPT 能通过谷歌年薪 18.3 万美元的编程面试。对此，很多大学都下令封杀了 ChatGPT。这一切的一切，让人不禁担心：ChatGPT 这么厉害，人工智能会取代人类吗？

北京时间 2023 年 3 月 29 日图灵奖得主、马斯克等 1 000 多名学者、工程师和企业家等发公开信，呼吁所有 AI（人工智能 Artificial Intelligence 的缩写）实验室立即暂停训练比 GPT-4 更强大的 AI 系统，为期至少 6 个月，以确保人类能够有效管理其风险。暂停工作应该是公开且可以证实的，如果 AI 实验室不能快速暂停，各国政府应该实行暂停令。截至发稿，这份公开信已经征集到 1 128 份签名。公开信指出，AI 现在已经能与人类竞争，将给人类社会带来深刻的变革。在这个关键时刻，我们必须思考 AI 的潜在风险：假新闻和宣传充斥信息渠道，大量工作被自动化取代，人工智能甚至有一天会比人类更聪明、更强大，让我们失去对人类文明的掌控。这些问题不应该交给"未经民选的科技领袖"来决定。面对 OpenAI 产品在全球的火爆程度，OpenAI 创始人兼 CEO 山姆·阿尔特曼自己也感到有些害怕。他近日在接受媒体采访时表示，自己对 AI 如何影响劳动力市场、选举和虚假信息的传播有些"害怕"。

人工智能，就是把人的部分智能活动机器化，使机器具有完成某种复杂目标的能力，它实质上是对人脑组织结构与思维运行机制的模仿，是人类智能的物化。建立在大数据与不断升级的各种算法技术基础上的现代人工智能，正在深刻影响当代人类生活。人工智能的迅猛发展，引起了人们的许多思考，例如，人工智能能否具有人类意识、能否超越和取代人类智能等问题。许多学者担忧，在未来某个时间节点上，人类会像"魔法师的弟子"①一样，根本不知道如何让"扫除"停下来，而那个时候可不会有一位魔法师从天而降，阻止灾祸。

交流互动

2017 年 4 月 27 日，英国著名物理学家斯蒂芬·霍金在北京全球移动互联网大会上重申了他的"人工智能威胁论"，强调"人工智能一旦脱离束缚，以不断加速的状态重新设计自身。人类由于受到漫长生物进化的限制，无法与之竞争，将被取代"，因而提出人类需警惕人工智能发展的威胁。有人觉得，霍金的以上言论纯属"危言耸听"，你怎么看？对于 GPT-4 的潜能，你的态度和看法是什么？

3.1 工程安全与管理

3.1.1 安全的客观性

所谓"安全"，即"不存在危险"或"没有危险"的一种状态。根据安全指涉的对象，通常包括人身安全和财产安全。国际民航组织对安全的定义是，安全是一种状态，即通过

---

① 德国诗人歌德在 1797 年创作的诗，英文名为 *The Sorcerer's Apprentice*。

持续的危险识别和风险管理过程，将人员伤害或财产损失的风险降低，并保持在可接受的水平或其以下。安全的特有属性就是"没有危险"。仅是没有外在威胁，并不是安全的特有属性；仅是没有内在的疾患，也不是安全的特有属性。但是，包括了没有威胁和没有疾患这样内外两个方面的"没有危险"，则是安全的特有属性。

安全是人类的一种本能需求。美国哲学家、心理学大师亚伯拉罕·哈洛德·马斯洛在其著作《动机论》(1943)中提出，人的需要可分为五个层次，它们依次是生理的需要、安全的需要、社交的需要(包含爱与被爱、归属与领导)、尊重的需要和自我实现的需要。其中，生理的需要譬如吃饭、穿衣等，是最原始的、最基本的，同时，也是最强烈的、不可避免地需要。不能满足，则有生命危险。当生理的需要得到满足后，安全的需要便出现了。人们需要远离痛苦和恐惧，需要有规律地生活在井然有序的世界上。当安全的需要得不到相应的满足，它就会支配人，将人的行为目标全部指向安全。

安全是主体没有危险的客观状态。正因为安全是客观的，因而它与安全感是两个不同的概念，它本身并不包括安全感这样的主观内容。有人认为，安全既是一种客观状态，又是一种主观状态(心态)。安全作为一种状态是客观的，它不是也不包括主观感觉，甚至可以说它没有任何主观成分，是不依靠人的主观愿望为转移的客观存在。

3.1.2　安全的相对性

绝对性是指事物的无条件的、永恒的、无限的性质；相对性是指事物的有条件的、暂时的、有限的性质。列宁说："绝对和相对有限和无限＝同一个世界的部分、阶段。"任何事物都是绝对性与相对性的统一，这种统一是事物本生所固有的一种辩证特性，绝对性与相对性的关系，与共性与个性的关系相同，两者既对立又统一，在一定条件下相互转化，绝对性存在于相对性之中，并通过无数相对性来体现。

绝对安全和相对安全是一种辩证关系。绝对安全是指生产中无事故、无危险、无威胁的系统状态，认为不出事故才是安全的，要安全就不能有事故，将事故作为衡量系统安全与否的唯一指标；相对安全是指在生产中，将人和事物的损失控制在可接受水平的系统状态。认为不出事故不一定安全，事故不是不安全的全部内容。前者在安全管理中以防止事故发生为目标，重事故轻隐患，重形式轻内容，重结果轻过程，容易导致头痛医头、脚痛医脚，安全状况起伏不定；后者在安全管理中，以预防为主为导向，实事求是，重根治隐患，重措施落实，重基础建设，使安全生产周期大大延长。很明显，安全是一个相对概念。在工程实践活动中，安全具有相对性。

安全是相对危险的接受程度来判定的，是一个相对的概念，世界上没有绝对的安全，任何事物都存在不安全的因素，即都具有一定的危险性。当危险降低到人们普遍能够接受的程度时，就认为是相对安全的。

3.1.3 容错率与工程安全管理

只要有人类活动，就会有安全工作，安全工作永远在路上。有人认为，安全与事故就是一个承受压力的弹簧，压力就是安全，弹簧就是事故。压力大则弹簧缩，安全强则事故消。压力稍有减小，弹簧就会进攻。要想使弹簧不反弹，必须持续用力，永不松懈。

在处理复杂系统和进行决策时，容错率是一个十分重要的概念。容错率是指在某个系统或网络中，允许错误或故障出现的概率。简而言之，容错率即允许错误出现的范围和概率的计算机科学和人工智能领域。在分布式系统中，容错率是指系统在部分组件出现故障时仍能正常运行的能力。这些故障可能包括硬件故障、软件错误、网络连接问题等。为了提高系统的容错率，可以采用多种技术，如备份、冗余、负载均衡、数据校验等。在机器学习和深度学习中，模型的容错率指的是模型在面对输入数据中的误差或异常值时的鲁棒性。一个具有较高容错率的模型可以更好地处理噪声、异常值和缺失数据，从而提高预测的准确性和可靠性。

提高容错率的方法包括使用鲁棒性特征、数据清洗、异常值检测、使用稳健性算法等。另外，还可以通过引入冗余和备份机制来提高系统的容错率，以确保即使部分组件出现故障，系统仍能继续正常运行。

安全管理是一项系统工程。以安全为目的进行有关决策、计划、组织和控制方面的活动，就是安全管理。控制事故可以说是安全管理工作的核心，而控制事故最好的方式就是实施事故预防，即通过管理和技术手段的结合，消除事故隐患，控制不安全性行为，保障劳动者的安全。这也是以预防为主的本质所在。

2023年7月23日14时52分，黑龙江省齐齐哈尔市第34中学发生体育馆楼顶坍塌事故，此次事故共造成11人死亡。目前，公安机关已对教学综合楼施工单位相关责任人立案侦查，依法采取刑事强制措施。黑龙江省政府成立联合调查组，对该起事故进行了全面深入调查。

校舍坍塌，十余名学生和教师被困其中，11个生命无辜逝去，建筑坍塌事故频发，令人揪心，更令人愤慨。此次坍塌事故有三个问题亟待厘清：一是施工方是否存在违规施工、违规存放施工物料的情况；二是体育馆建筑本身是否存在质量问题；三是校方和工程的相关负责单位、部门是否存在监管失职。

2023年7月24日晚间，齐齐哈尔市新闻发布会发布的事故原因初步调查结果显示，此次事故发生的主要原因是与体育馆毗邻的教学综合楼在施工过程中，施工单位违规将珍珠岩堆置体育馆屋顶。受降雨影响，珍珠岩浸水增重，导致屋顶荷载增大，引发坍塌。珍珠岩属于一种北方常见的建筑外层保温材料，这种材料具有极强的吸水增重特性，在建筑施工中往往需要在外层增加防水涂料。根据《建设工程安全生产管理条例》相关规定，施工单位对因建设工程施工可能造成损害的毗邻建筑物、构筑物和地下管线等，应当采取专项防护措施。然而如此大量的施工物料在没有任何防护措施的前提下，被堆积在有着二十多年历史的老旧体育馆上方，危险不言而喻。施工前，施工人员是否了解过珍珠岩的吸水增重特性，对体育馆楼顶的承重情况是否做过评估，对于当地降雨可能带来的风险隐患是否有防范措施，如果查明相关责任人在生产、作业中违反有关安全管理的规定，或者明知没有安全保证，甚至已发现事故苗头，仍然违章冒险作业等，可能涉嫌犯罪。

《建设工程安全生产管理条例》明确工程监理单位在实施监理过程中，发现存在安全事故隐患的，应当要求施工单位整改。教学楼施工项目的相关监理单位是否尽到了监督管理职责，对于明显违规的施工物料堆积行为有没有及时叫停？另外，事发地体育馆建成的 20 多年间，校方是否对楼宇进行妥善维护，是否有管理人员对老旧房屋进行质量检测鉴定，并进行及时维修和隐患排查？事故发生绝非一日之危，如果本就是"危楼"，对于安全隐患排查的失责也需要追究校方及相关单位的责任。

上述相关问题都亟待调查厘清，安全生产不是一句空话，建筑质量必须高度重视。如果相关单位对于明显的施工违规行为视而不见，对于安全隐患怀着侥幸心理，建筑安全无从谈起，师生的生命安全更是无法保证。建筑不仅是一项工程交易，更是关乎百姓安全、未成年人健康成长的民心项目。无论是施工单位、监理单位还是校方、职能部门都应进一步增强法律意识、安全意识、责任意识，真正把师生的安全放在心中。

3.2　工程中的风险来源与特征

无论工程防范制定得多么完善和严格，总会存在一些所谓的"正常事故"。参考应急管理部政策法规司副司长、一级巡视员邬燕云通报数据显示，2020 年，全国发生生产安全事故 3.8 万余起，死亡 2.74 万多人，重特大事故 16 起，死亡 262 人；2022 年，全国生产安全事故、较大事故、重特大事故起数和死亡人数实现"三个双下降"，事故总量和死亡人数同比分别下降 27.0%、23.6%。全国自然灾害受灾人次、因灾死亡失踪人数、倒塌房屋数量和直接经济损失与近 5 年均值相比分别下降 15.0%、30.8%、63.3%、25.3%，因灾死亡失踪人数创中华人民共和国成立以来年度最低，这得益于 2022 年我国应急管理体系和能力建设迈出新步伐，安全风险防范取得新成效。但总体上讲，当前安全生产仍处于爬坡过坎期，容不得半点马虎。因此，在对待工程风险问题上，人们需要做的是将风险控制在人们的可接受范围之内。

工程的风险、安全和责任是密切相关的话题。在工程项目中，常见风险包括政治风险、经济风险、技术风险、公共关系风险和管理风险。对于安全问题，重要的是要理解和应用风险防控措施，以防止潜在的危险和事故发生。在责任方面，业主和承包商有各自的责任，以确保项目的安全和顺利完成。

（1）政治风险。政治风险主要涉及工程项目所在国家或地区的政治稳定性。在不稳定的环境下，战争、内乱、国有化等政治因素可能影响项目的正常进行，导致损失和工期延误。

（2）经济风险。经济风险通常与工程项目所在国家的经济状况相关。例如，如果该国的财力枯竭，可能面临债务拒付等问题，进而影响工程项目的正常进行。

（3）技术风险。技术风险主要涉及工程项目中的技术问题和设备。例如，设备故障或技术方案的缺陷可能导致工程项目无法按计划进行。

（4）公共关系风险。公共关系风险主要涉及公众对工程项目的态度和反应。例如，如果公众对项目持有负面态度或反应强烈，可能导致项目实施的困难。

（5）管理风险。管理风险主要涉及工程项目的管理能力和策略。例如，如果项目管理团队缺乏有效的管理能力或策略，可能导致项目实施过程中的问题。

在工程安全方面，业主和承包商都应该制订及实施合理的安全计划与管理措施，以确保工作场所的安全、员工的安全及项目的顺利进行。这些措施可以包括工作安全培训，健康与安全政策的制定和实施，定期的安全检查及事故应对与调查等。

对于责任问题，一般来说，业主负责提供项目的设计、材料和设备等方面的支持，而承包商负责工程的施工、安装和维护等工作。业主和承包商在合同中应对各自的责任进行明确划分，并在项目实施过程中保持良好的沟通与协作，以确保项目的顺利进行。

按照工程风险的来源，可将工程风险概括为三个方面：一是技术因素，即工程中技术的不确定性；二是环境因素的不确定性；三是人为因素的不确定性。

3.2.1 技术因素

对人与自然关系的认识，在过去相当长的时间内，人类对自然的认识是不足的。曾几何时，"人定胜天""地大物博，资源丰富""取之不尽，用之不竭"等认识让人们引以为骄傲，而忘记了"天人合一""顺应自然"的古训。工程活动是人类改造自然的手段，而工程活动必须遵循自然规律。每个地区都有不同的自然条件，作为工程应该充分利用其优势。例如，我国南方多雨，自古大量兴修水利，建立了发达的农业灌溉系统；以色列天旱缺水、能源匮乏，因此开发了太阳能及滴灌技术；北欧多雪，房屋多为尖顶并形成独特的建筑风格；埃及农舍的特征是土墙、小窗户，以保持清凉；等等。人类在进行工程活动、利用和改造自然方面获得了丰厚的回报。但是人们违反自然规律修建工程，受到自然惩罚的情况也时有发生。例如，围湖造田导致洪水泛滥，过度开垦造成土地荒漠化，滥采滥伐导致水土的流失，大量的水坝建设导致河流干涸。

技术不成熟的风险最典型的莫过于切尔诺贝利核事故。切尔诺贝利核电站是苏联时期在乌克兰境内修建的第一座核电站，位于苏联乌克兰加盟共和国首府基辅以北 130 千米处。共有 4 个装机容量为 1 000 兆瓦的核反应堆机组。其中 1 号机组和 2 号机组在 1977 年 9 月建成发电，3 号机组和 4 号机组于 1981 年开始并网发电。1986 年 4 月 26 日，在进行一项试验时，切尔诺贝利核电站 4 号反应堆发生爆炸。反应堆机房的建筑遭受毁坏，同时发生了火灾，反应堆内的放射物质大量外泄。造成 30 人当场死亡，8 吨多强辐射物泄漏。此次核泄漏事故使电站周围 6 万多平方千米土地受到直接污染，320 多万人受到核辐射侵害，酿成人类和平利用核能史上的一大灾难。

事故发生后，苏联政府和人民采取了一系列善后措施，清除、掩埋了大量污染物，为发生爆炸的 4 号反应堆建起了钢筋水泥"石棺"，并恢复了另外 3 个发电机组的生产。自 1986 年切尔诺贝利核事故发生后，离核电站 30 千米以内的地区被辟为隔离区，很多人称这一区域为"死亡区"。几十年过去了，这里仍被严格限制进入，欲进入隔离区的人必须具备合法手续和有效证件。所有从隔离区出来的人，还必须在专门仪器上接受检查。苏联解体后，乌克兰继续维持着切尔诺贝利核电站的运转，直至 2000 年 12 月 15 日全部关闭。

据不完全统计，切尔诺贝利核事故的受害者总计达 900 万人。消除切尔诺贝利后患成了俄罗斯、乌克兰和白俄罗斯政府的巨大财政负担。据专家估计，完全消除这场浩劫的影响最少需要 800 年。乌克兰共有 250 万人因切尔诺贝利核事故而身患各种疾病，其中 27 万人因此患上癌症，9.3 万人死亡。另外，迄今已在核泄漏事故的善后事务上花费了超过 150 亿美元，核事故所泄漏的放射性粉尘有 70％飘落在白俄罗斯境内，200 万白俄罗斯人不得不生活在核污染区，直接经济损失在 2 350 亿美元以上，这是核电史上迄今为止最严重的安全事故。

3.2.2 环境因素

环境有自然环境与社会文化环境之分。此处，人们重点关注自然环境的影响。自然环境是社会文化环境的基础；社会文化环境又是自然环境的发展。自然环境是环绕生物周围的各种自然因素的总和，如大气、水、其他物种、土壤、岩石矿物、太阳辐射等。以气候条件为例，气候条件是一定地区多年天气特征的总情况，是风、云、雨、雪、霜、雾、干、湿、雷电及季节、时令、日照、冷、热等气象的总称。气候条件是由太阳辐射、大气环流、地面位置及形状等因素相互作用所形成的。气候条件是工程项目规划、布局选点考虑的重要因素。有些工业项目宜设在热带，有些项目宜设在寒带，有些项目的生产要求天气晴朗、少雨、干燥，有些项目又要求有一定的自然湿度，项目布局及规划应尽量利用自然的气候条件。气候条件也是工程建筑物设计的重要依据之一。如一定的风载、雪载、雨载、冷热程度，对建筑物的基础结构、整体结构、形状及走向的设计有特定的要求，设计需依具体气候条件而定。

气候条件对工程的影响可能体现在以下几个方面。

(1)施工进度。一些极端的气候条件，如强风、暴雨、高温、低温等，可能会使施工停工或延误。例如，雨季或暴雨天气可能影响户外施工的进行，而高温或低温天气则可能影响一些需要在特定温度下进行的施工步骤。

(2)工程难度和成本。气候条件可能会增加工程的难度和成本。例如，在雨季或潮湿的地方施工可能需要花费更多的时间和资源来应对水分对建筑材料的影响。而高温天气可能会导致工人工作效率下降，甚至出现中暑的情况，从而增加工期的长度和所需的劳动成本。气候条件也可能会影响工程的质量和安全。例如，在低温或干燥的条件下进行混凝土施工可能会影响其强度和稳定性。而高温和湿度高的天气可能会导致建筑材料的老化及损坏，从而影响工程的使用寿命。

(3)环境影响。气候变化也会对工程所在地产生影响。例如，极端气候，如洪水、风暴等，可能会对已建成的工程造成破坏性的影响。

因此，在工程规划和设计中，需要对气候条件进行全面的考虑，并采取相应的措施来应对可能的气候风险。这可能包括选择适合的施工季节和时间、使用适应气候条件的建筑材料和施工方法，以及建立应对极端气候事件的应急预案等。

自然灾害是指给人类生存带来危害或损害人类生活环境的自然现象，包括干旱、高温、低温、寒潮、洪涝、山洪、台风、龙卷风、火焰龙卷风、冰雹、风雹、霜冻、暴雨、暴雪、冻雨、酸雨、大雾、大风、结冰、霾、地震、海啸、滑坡、泥石流、浮尘、扬沙、沙尘暴、雷电、雷暴、球状闪电、火山喷发等。自然灾害对工程的影响主要体现在以下几个方面。

(1)工程破坏。自然灾害如地震、泥石流等常常会导致建筑物、桥梁、隧道等土木工程设施的破坏，造成财产和生命的损失。

(2)工程停工。自然灾害的发生往往会迫使工程停工，延误工期。例如，强风、暴雨、地震等灾害可能会造成施工现场的破坏，需要等待恢复后再进行施工。

(3)工程成本增加。自然灾害可能会导致工程成本的增加。例如，在地震后，可能需要替换受损的建筑材料，雇佣更多的工人进行清理和修复工作，这些都会增加工程的成本。

(4)工程设计变更。自然灾害后，可能会需要对工程设计进行变更。例如，在地震后，可能会需要对建筑的结构进行重新设计，以增强其抗震能力。

(5)环境影响。自然灾害还可能对工程周围的环境产生影响。例如，地震可能会导致地面沉降、山体滑坡等问题，而这些问题可能会对工程造成进一步破坏。

因此，在土木工程的建设过程中，需要考虑到自然灾害的影响，采取相应的预防措施，减小自然灾害对工程的影响，如选择合适的建设地点、使用耐震的建筑材料、制订应对自然灾害的应急预案等。例如，位于防洪保护区的防洪避难场所设定的防御标准应高于当地防洪标准所确定的淹没水位，且避洪场地的应急避难区的地面标准应按该地区历史最大洪水水位确定，且安全超高不应低于 0.5 米。但现实的工程设计和建造过程中，仍然有各种各样的事故发生。

2011 年 7 月 23 日 20 时 30 分 05 秒，甬温线浙江省温州市境内，由北京南站开往福州站的 D301 次列车与杭州站开往福州南站的 D3115 次列车发生动车组列车追尾事故，造成 40 人死亡、172 人受伤，中断行车 32 小时 35 分，直接经济损失 19 371.65 万元。经调查认定，"7·23"甬温线特别重大铁路交通事故是一起因列控中心设备存在严重设计缺陷、上道使用审查把关不严、雷击导致设备故障后应急处置不力等因素造成的责任事故。

根据事故调查组委托国家电网公司雷电监测与防护实验室利用中国电网雷电监测网对事故所在区域雷击数据进行的统计分析，7 月 23 日 19 时 27 分至 19 时 34 分温州南站信号设备相继出现故障时，温州南站至永嘉站、温州南站至瓯海站铁路沿线走廊内的雷电活动异常强烈，雷击地闪次数超过 340 次，每次雷击包含多次回击过程，雷电流幅值超过 100 千安的雷击共出现 11 次。8 月 29 日至 9 月 2 日，事故调查组又委托中国气象局组成气象专家组，依据中国气象局雷电监测系统确认了上述温州南站雷电活动及雷击设备情况。

经调查认定，导致事故发生的原因是：通号集团所属通号设计院在 LKD2-T1 型列控中心设备研发中管理混乱，通号集团作为甬温线通信信号集成总承包商履行职责不力，致使为甬温线温州南站提供的 LKD2-T1 型列控中心设备存在严重设计缺陷和重大安全隐患。铁道部在 LKD2-T1 型列控中心设备招投标、技术审查、上道使用等方面违规操作、把关不严，致使其在温州南站上道使用。当温州南站列控中心采集驱动单元采集电路电源回路中保险管 F2 遭雷击熔断后，采集数据不再更新，错误地控制轨道电路发码及信号显示，使行车处于不安全状态。雷击也造成 5829AG 轨道电路发送器与列控中心通信故障，使从永嘉站出发驶向温州南站的 D3115 次列车超速防护系统自动制动，在 5829AG 区段内停车。由于轨道电路发码异常，导致其三次转目视行车模式起车受阻，7 分 40 秒后才转为目视行车模式以低于 20 千米/小时的速度向温州南站缓慢行驶，未能及时驶出 5829 闭塞分区。因温州南站列控中心未能采集到前行 D3115 次列车在 5829AG 区段的占用状态信息，使温州南站列控中心管辖的 5829 闭塞分区及后续两个闭塞分区防护信号错误地显示绿灯，向 D301 次列车发送无车占用码，导致 D301 次列车驶向 D3115 次列车并发生追尾。上海铁路局有关作业人员安全意识不强，在设备故障发生后，未认真正确地履行职责，故障处置工作不得力，未能起到可能避免事故发生或减轻事故损失的作用。

3.2.3 人为因素

安全生产问题是现代企业发展中的重中之重。安全生产事故的发生不仅会伤害到企业职工的身体健康、生命安全，甚至可能危及企业的生存发展。近年来，随着硬件设备的创新发展，因设备本身结构、性能等原因带来的企业安全生产事故在逐步减少，人因失误已成为其主因，占事故比例的 70% 以上。[①]

人为因素又称为"人的因素"，是指从"人—机—环境"三者构成的系统关系中，研究人在其中的影响和作用。"人为"是相对"自然"而产生的，当今世界，既有自然的世界，更有人为的世界，因为在人们周围，几乎每样东西都刻有人为的痕迹，工农业生产、交通运输都有安全生产的问题。用系统方法分析安全生产问题，必须从"人—机—环境"三要素考虑，其中"人"就是指影响安全生产的人为因素。如航空运输业，把造成飞行事故的原因称为因素，构成事故的因素有人、机、环境三类。这里的"人"绝非仅指飞行员，应包括所有参与航空器营运的人，如飞行人员、机务人员、空中交通管制人员、气象预报人员等。

学术界关于人因失误的定义尚未统一，较早提出人因失误概念的是威格里·斯沃思（Wiggle Sworth），他认为，人因失误是错误或不恰当地响应了一个刺激，人通过对刺激的分析与判断产生意识，意识形成反应，指挥手脚等动作器官去执行，执行的结果形成新的刺激。由于研究的目的与手段不同，不同的学者对人因失误下的定义会有所差异，但比较统一的是人因失误带来了不好的影响，而其原因复杂多样。人为因素是工程风险的重要来源之一，甚至往往是最重要的来源。需要通过管理和技术手段加以控制与预防。从总体上看，工程风险中的人为因素主要有以下几种。

（1）工程设计理念的局限性。这可能是由于设计人员的技术水平、经验、想象力等方面的限制，或者缺乏对特定工程环境的了解，导致设计理念不能完全适应实际工程需求，从而带来风险。

（2）施工质量问题。施工人员的操作不规范、技术不过关，或者管理人员对安全问题重视不够等都会导致施工质量问题，从而引发工程风险。

（3）操作人员渎职。工程中的操作人员如果缺乏必要的责任心和专业知识，可能会在操作过程中出现失误，从而引发工程风险。

安全生产是现代企业管理工作中的核心工作之一，在管理过程中，应该采取强有效措施来避免人为因素导致的工程风险。例如，加强人员的专业培训和管理，提高他们的技术水平、责任心和安全意识；建立健全的施工质量管理体系，严格把控施工质量；对

---

① 高文宇，张力．人因可靠性数据库基础架构研究[J]．中国安全科学学报，2010，20(12)：63-67.

操作人员进行必要的监管和培训，减少人为因素导致的失误等。

调查发现，在已发生的事故中，88％是由于人为因素的影响而导致的，而事故中的人为因素的影响可以分成两类，即缺乏相关的专业知识和技术，以及对专业知识和技术的摒弃。这里，知识或技术的水平不是静态的，它随着新知识的获得和新技术发展而改变，更重要的是，它随着新知识和新技术在实践中的应用而改变。如现有知识理论体系和技术相对于工程实践滞后，还有一些从未接触过的项目无可靠经验参考，风险相对较大。

(1)缺乏相关专业知识和技术。事故的发生是因为那些没有正确的知识或认识的人作出了错误的决定，这种对知识和技术的缺乏表现在两个方面：第一，知识的深度不够，对整体决策熟练的工程师缺乏对特定专业的知识；第二，知识的广度不够，没有必需的知识广度就作出的跨领域的决策。随着工程问题变得越来越复杂，知识深度和广度的缺乏都变成了越来越严重的问题。例如，2009年青海省西宁市商业巷南市场的某工程基坑施工现场发生坍塌事故，调查发现该工程无完整的基坑支护设计图，仅有一个支护剖面图，且基坑支护是由施工单位自行设计并施工的，采用土钉墙的支护方法，土钉的长度、间距，注浆棒的直径和面板的厚度均不符合相关规范的要求。施工单位在不具备设计资质、施工人员缺乏相关专业知识的情况下，不顾国家法律的规定自行设计，最终导致惨剧的发生。

由于缺乏相关知识和技术而导致事故发生的原因：第一，技术人员的自身知识"瓶颈"局限。工程技术人员需要"活到老，学到老"，但相当一部分工程师离开学校之后就几乎停止了学习，自身的知识得不到更新。第二，由于专业理论知识薄弱而导致盲目依赖相关经验和计算分析软件。现如今，很多设计人员从事设计工作，仅仅依靠一些计算分析软件计算完成之后就出图了事，导致设计存在安全隐患。这些人中的一部分是由于专业基础知识不扎实，无法依靠理论知识分析计算结果的正确性，盲目依赖软件的分析结果或某个工程经验；另一部分人则是工作态度不认真、不严谨，计算之后懒于再进行验证。

(2)对专业知识和技术的摒弃。对专业知识和技术的摒弃指的是工程师懂得专业的知识和技术，但并未将所学知识运用到具体工程中而导致事故的情况。这种摒弃有时是工程师蓄意，有时只是疏忽。然而，在工程师的环境链中，管理层或社会决定、外部强大的压力也要承担大部分的责任。对专业知识和技术摒弃的原因主要有两个方面：第一，沟通交流的问题；第二，外部各方强大的压力。一个工程项目涉及业主、设计、施工、勘察等各个方面的人和事物，恰当的沟通交流在工程中是非常必要的。如在工程初期，勘察方与设计方的沟通交流就十分重要，设计人员对于勘察报告中有疑问的地方，应该及时与勘察人员联系，进行有效的沟通交流，盲目设计就可能存在安全隐患或事故。如广州某综合大楼在岩土工程详勘中，由于钻探分层不够详细，把填土以下1m多粗砂，其总厚度合计 3 m 左右，统一描述为填土，以下为硬塑、坚硬状态的黏土，粉质黏土互层，约 10 m 多便为基岩。根据这一不适当的工程地质条件描述，有关单位在勘察报告中，建议采用大口径挖孔桩桩基方案，并为设计方所采纳。结果在挖孔桩过程中，发现有大量的地下水和砂粒涌出，形成流砂现象，给基础施工造成极大的困难，须采用专门的防治措施，才能继续施工，不但耽误工期，还造成很大的经济损失。外部给工程师的压力都会引起工程师对知识和技术的摒弃，从而导致了重大的安全隐患和事故，而时间、资金和环境是增加压力的约束条件，通常是令工程师摒弃现今有用技术的最终作用力。

工程师几乎总是被时间和资金压榨，好的工程的本质就是以高的效益成本比和恰当的安全系数及时地解决问题；然而，如果有限的时间和资金危及工程的实施及安全，那就是糟糕的工程，最终评价一个工程的成功是看这些冲突的压力事故是否被合理解决。现今无论是设计院还是施工单位，其时间被疯狂挤压，一个设计项目根本没有正常的时间周期完成，做事时追求的目标不是最好，而是最快，其结果就是设计图纸存在众多的错误和安全隐患，到了施工阶段再不断地改图，最终反而增加了工程的造价。资金造价是导致技术人员摒弃现有技术的另一个导火索，低造价的投标使施工单位采用造价低的技术和材料，甚至是偷工减料，从而导致事故的发生。事故中大约有 55% 是由于摒弃现有的专业知识和技术引起的，减少这类事故的发生相对困难些。沟通是一种技巧，这可通过工程师的基础培训和继续教育来获得，但它必须通过实践才能得到发展，在实践中，沟通的有效性才能得到评估；外部压力的平衡是最大的挑战，因涉及各方力量，且工程内外很多都不是由工程师本身能控制的，故要求工程师有一种对自己在社会中的位置的正确理解和欣赏的能力。

3.3 工程中的风险研判与伦理评估

海因里希法则（Heinrich's Law）又称为"海因里希安全法则""事故三角"或"海因法则"，是由美国著名安全工程师海因里希（Herbert William Heinrich）提出的关于工业事故预防理论。该法则指出，在由 330 件类似事故组成的组中，有 300 件未产生人员伤害，29 件造成人员轻伤，1 件导致重伤或死亡。海因里希法则最早在 1931 年由海因里希在他的《工业事故预防：科学方法》一书中提出，当时海因里希担任康涅狄格州哈特福德旅行者保险公司工程和检查部门的助理主管，他统计了保险公司档案中的 75 000 多份事故报告及各个行业场所。基于这些数据，海因里希推断出可能造成的具体伤害数据，并得出结论：减少轻微事故的数量，重大事故的数量也会随之下降。

3.3.1 工程中风险的研判

海因里希提出了事故因果连锁论，用以阐明导致伤亡事故的各种原因及与事故之间的关系。该理论认为，伤亡事故的发生不是一个孤立的事件，尽管伤害可能在某瞬间突然发生，却是一系列事件相继发生的结果。海因里希把工业伤害事故的发生、发展过程描述为具有一定因果关系的事件的连锁发生过程。

（1）人员伤亡的发生是事故的结果。

（2）事故的发生是由于人的不安全行为、物的不安全状态导致的，人的不安全行为或物的不安全状态是由人的缺点造成的，人的缺点是由不良环境诱发的，或者是由先天的、遗传因素造成的。

以人工智能风险的研判为例，工程师要积极学习和普及人工智能伦理知识，客观认识伦理问题，不低估、不夸大伦理风险；主动开展或参与人工智能伦理问题讨论，深入推动人工智能伦理治理实践，提升应对能力；增强底线思维和风险意识，加强人工智能发展的潜在风险研判，及时开展系统的风险监测和评估，建立有效的风险预警机制，提升人工智能伦理风险管控和处置能力。

3.3.2 工程风险的伦理评估

工程风险的来源包括工程中的技术因素的不确定性、工程外部环境因素的不确定性和工程中人为因素的不确定性。工程风险的评估不是一个纯粹的工程问题，还牵涉到社会的伦理问题。工程风险的评估的核心问题——"工程风险在多大程度上是可接受的"，这一问题本身即一个伦理问题，包含工程风险可接受性在社会范围的公正问题。

（1）工程风险伦理评估的原则。

工程风险伦理评估原则包括以人为本的原则、预防为主的原则、整体主义的原则和制度约束的原则。

1）以人为本的原则。以人为本，不仅主张人是发展的根本目的，回答了为什么发展、"为了谁"发展的问题；而且主张人是发展的根本动力，回答了"怎样发展""依靠谁发展"的问题。"为了谁"和"依靠谁"是分不开的。人是发展的根本目的，也是发展的根本动力，一切为了人，一切依靠人，两者的统一构成以人为本的完整内容。

2）预防为主的原则。安全生产上的"预防为主"方针，是带有规律性的认识，也是预防事故的最有效措施。预防事故是安全生产日常监管的重要内容，如果仅仅出了问题抓一阵，要检查抓一阵，消极保，被动保，事故就可能防不胜防、堵不胜堵。坚持积极主动，首先要搞好宣传教育。实现安全生产状况的根本好转，既要依靠必要的物质条件，更有待全民的安全素质和安全文化水平的提高。加强宣传教育，筑起思想上的安全防线，在事故防范中有时会起决定性的作用。要大力开展安全生产宣传教育，学习、宣传、贯彻《中华人民共和国安全生产法》，全面落实国务院《关于进一步加强安全生产工作的决定》，充分利用各种新闻媒介、宣传手段，广泛深入宣传国家的安全生产方针、政策、法规，倡导安全文化，引导人们逐步形成科学行为准则和生活方式。其次，要落实责任制。明确各级政府、安全生产监督管理部门和企业各级领导、从业人员的责任，是做好安全生产工作，保障人民群众人身、财产安全的保证。要建立严格的安全生产责任制，把安全生产责任落实到各级领导、每个管理岗位、每个从业人员，从上到下都要认真落实，一直落实到个人。

3）整体主义的原则。整体主义基于"整体大于部分之和"的观点，即认为所有事物都是由其或多或少的要素构成的，这些要素之间的相互关系是形成整体的关键，强调整体的价值高于要素或组成部分的价值。

4）制度约束的原则。制度或称为建制，是社会科学里面的概念。从社会科学的角度理解，制度泛指以规则或运作模式，规范个体行动的一种社会结构。这些规则蕴含着社会的价值，其运行标志着一个社会的秩序。建制的概念被广泛应用到社会学、政治学及经济学的范畴之中。制度是一种人们有目的建构的存在物。建制的存在都会带有价值判断在里面，从而规范、影响建制内人们的行为。制度具有指导性和约束性。制度对相关人员做些什么工作、如何开展工作都有一定的提示和指导，同时，也明确相关人员不得做些什么，以及违背了会受到什么样的惩罚。因此，制度有指导性和约束性的特点；制度具有鞭策性和激励性。制度有时就张贴或悬挂在工作现场，随时鞭策和激励着人员遵守纪律、努力学习、勤奋工作；制度具有规范性和程序性。制度对实现工作程序的规范化、岗位责任的法规化、管理方法的科学化起着重大的作用。制度的制定必须以有关政策、法律、法令为依据。制度本身要有程序性，为人们的工作和活动提供可供遵循的依据。

（2）工程风险伦理评估的途径。

1）工程风险的专家评估。相对于其他评估而言，专家评估是比较专业和客观的评估途径，专家根据幸福最大化的原则来对工程风险进行评估。以三峡工程的修建为例，1986—1989年，国务院先后组织412位专家对三峡工程进行全面论证。大多数专家认为建设三峡工程技术上可行、经济上合理。正是在此基础上，1992年4月，七届全国人大五次会议通过了关于兴建三峡工程的决议。

2）工程风险的社会评估。工程风险的社会评估关注广大民众切身利益，与专家评估形成互补关系，使风险评估更加全面和科学。

3）工程风险评估的公众参与。科技运用和工程实施实际上常常是利与弊交织，这是风险难以避免的又一原因。例如，高层建筑具有节省用地的优点，可以大大缓解因人口增长和城市化进程带来的用地紧张状况；但高层建筑的安全是一个世界范围内尚未解决的问题。又如，水利工程总是利弊共存。中国是世界上水坝建设最多的国家，水利水电工程建设对农业灌溉、工业和城市供水、江河流域防洪减灾、农村供电等发挥了重要的作用。但相对于水能资源储量世界第一的优势，中国中大水电工程开发因为受到技术和资金的约束走了一段曲折的路。近年来，受国际反坝运动的影响和生态主义、环境保护运动在中国开展的影响，水坝工程遭受到最强烈的质疑。事实上，中国历史上有十分成功的水利工程，如都江堰，作为中华民族工程智慧的结晶和千古工程的奇迹，都江堰让今天的许多工程师也大叹弗如。这说明水利工程可以做好，可以尽可能地避免对生态环境造成负面影响。水力发电是可再生清洁能源，目前中国未开发的具有可开发的经济价值的水电资源接近 3 亿千瓦，如果开发出来，其发电量大致相当于每年消耗 5 亿吨煤炭的发电量，可减排约 15 亿吨二氧化碳气体，并将为人类克服对地球生灵共有栖息地威胁最大的温室气体顽症作出重大贡献。2004 年，中国的水电装机数已经超过美国，跃居世界第一。关键是人们过去对这类利与弊交织的工程伦理态度已经不适合今天的文明发展的要求。例如，过去人们以"代价论"来对待工程的弊端，对待为工程利益作出牺牲的群体。常常因为工程利益的诱惑而无视弊端的存在，因为弊端小而忽视它的危险，因为受损失的是少数人而忽略他们的权利。这显然已经不符合整个文明发展的要求，也引发了新的社会矛盾。

3.4　工程中的安全问题

> **法律法规**
>
> 《中华人民共和国刑法》第一百三十七条规定：建设单位、设计单位、施工单位、工程监理单位违反国家规定，降低工程质量标准，造成重大安全事故的，对直接责任人员，处五年以下有期徒刑或者拘役，并处罚金；后果特别严重的，处五年以上十年以下有期徒刑，并处罚金。

A 市某房地产公司在某村进行城中村改造还建房建设。在项目改造中，王某甲、黄某甲在该房地产公司副总经理陈某某的帮助下，在没有取得电力施工许可证的情况下，承接了 1、2 号楼的临时电表和电缆线安装工程，并由黄某甲具体组织施工。为结算工程款，在陈某某的帮助下，王某甲又与某水电公司法定代表人闵某商议，以闵某公司的名义，与该房地产公司签订施工合同，某水电公司也未取得电力施工许可证。在施工过程中，黄某甲违反安全操作规范，在没有设计图纸的情况下，随意雇用无许可证的安装人员，使用不合格电缆线，且未按操作规范进行安装，致使临时供电线路施工存在重大安全隐患而未能发现。

一年后，该还建房 1 号楼 2 单元电缆井临时供电线路短路，引燃电缆井内的可燃物发生火灾，造成郑某等 7 人因吸入过量一氧化碳而中毒死亡、吴某礼等 12 人因吸入有毒烟气而受伤。黄某甲、王某甲、闵某犯工程重大安全事故罪，分别判处有期徒刑一年至一年三个月。

在本案例中，黄某甲、王某甲、闵某作为施工单位的直接责任人，违反国家规定，在单位及个人均无施工资质的情况下，违背操作规范要求。根据 2008 年《最高人民检察院、公安部关于公安机关管辖的刑事案件立案追诉标准的规定（一）》的第十三条规定：建设单位、设计单位、施工单位、工程监理单位违反国家规定，降低工程质量标准，涉嫌下列情形之一的，应予立案追诉：造成死亡一人以上，或者重伤三人以上的；造成直接经济损失五十万元以上的；其他造成严重后果的情形。黄某甲、王某甲、闵某降低工程质量标准，导致电缆线路短路，酿成火灾，最终致 7 人死亡、12 人受伤，造成重大安全事故，已构成工程重大安全事故罪。

安全责任重于泰山，这个责任阀门拧得再紧也不为过。作为安全生产责任的主体，企业决不能因为私利而忽视生产安全。工程师务必要深刻认识到，只有安全上万无一失，才能避免一失万无。各地和有关部门要时刻绷紧安全生产弦，做到警钟长鸣，在监管上常抓不懈。要加强监督，严把工程项目"入口关""实施关""成果关"，以有力、有效监督确保工程项目安全、廉洁、高效推进，防风险于未然，给群众以安宁。安全生产人人都是主角，没有旁观者，"建者"需自律，"监者"要守正，每个人也应当好安全员，以常态化、全民化防控应对隐蔽性、突发性风险，筑牢守好安全生产的堤坝。

3.5　工程师的安全责任

"科学技术是一把双刃剑"，其实更准确的说法应该是"技术运用和工程活动是一把双刃剑"。因为工程技术是将科学和现实连接起来的桥梁，所以工程使科学思想和技术手段得以实现。工程活动可以增加社会财富，给社会发展带来积极的意义，也可能产生负面影响。科学不是万能的，工程和由它带动提高的生产力水平也不是能够解决一切问题的。人的精神生活、文化形态就不能用物理化、化学化的科学来研究；社会公正、人权保护也不是经济发展了就能自然得到解决的。无论科学技术如何发达，它本身都不能克服社会冲突，也不能消灭贫富悬殊。

科技和工程活动是应当受到控制的力量，越是先进的技术运用越是伴随着巨大的风险，因为越是先进的技术就意味着越强大的力量。这一点已经被越来越多的事实证明，科技活动的"价值中立论"也越来越难以在现实生活中立足。科技本身并不可怕，可怕的是人们对它的放任和无知。任何不受制约的力量都将走向自己的反面，科技也是如此。

科技和工程活动必须受人类社会价值的控制，必须有人文精神的约束，受人类理智、情感乃至常识的制约，才能成为人性化的、能够真正促进人类幸福的力量。

爱因斯坦曾经说过："科学是一种强有力的工具。怎样用它，究竟是给人带来幸福还是带来灾难，完全取决于人自己，而不取决于工具。刀子在人类生活上是有用的，但它也能用来杀人。"爱因斯坦所指的"人"既包括科技活动的决策者，也包括科技工作的实践者，他们既是刀的制造者，也是刀的使用者。如果科技工作者不能自觉地以人类的道德价值反省整个科技活动，自觉为人类做有益的事情，反而自动解除职业活动的道德责任，像受人支配的机器一样，只管完成其他人要求自己做的事情，这无异于无偿出卖自己的道德良知，从而把自己变成纯粹的技术工具。作为工具的科技人员远离道德的引导，这对社会来说是一件十分可怕的事情。例如，第二次世界大战期间就有不少德国、日本的科学家成了战争、阴谋、罪恶的工具，这些科学家的行为也许并非都出于他们自己信仰的选择，更多的可能是在无意间或被动中成了邪恶的工具。

奈斯比特和阿伯丹的《2000年大趋势》一书开篇就强调："我们站在新纪元的开端，在人们面前是文明史中最重要的十年，是充满令人眼花缭乱的技术革新、前所未有的经济机遇、令人惊奇的政治改革和非凡的文化复兴的时期。"他们认为，人类继续向前走，是"走向大灾难还是走向黄金时代，应由我们抉择"。固然，工程师通常并不是最后的决策者，并且在一个特定的社会体制中，工程师对技术、对工程负责的行为会受到各种因素的干扰，但是科技工作者应该意识到自己不是工具，必须为自己的行为负责，这对于规避工程风险来说是十分重要的。相反，那些认为只管把发明创造的成果如同货物一样地摆在货架上就完成了他们作为科技工作者的全部任务的人，无疑是在有意回避自己的责任。主张工程技术人员只对技术负责的观点忽略了一个最不该忽略的问题，那就是科技工作者既是科技发明创造的主体，也是科技成果运用过程中的主体，他们应该是最了解自己工作意义和影响的人，最能恰当地评估技术手段选择中的风险。因此，他们不仅能够对其活动的目标和后果作出判断，还应该对活动的全过程进行道德审视、对工程手段选择进行道德控制。因为正如当人类的科技活动推动社会文明向前发展时，社会不会忘记科技工作者的贡献一样，当科技应用中出现问题时，人们也会十分自然地想到他们在其中应负的道义责任。

任何一个科技工作者都是在一定的社会环境中生活的，也是在具有一定道德价值的文化教育体系中完成其成长过程的。与其他人一样，科技工作者也是一个社会的人，也受到一定社会的价值观念与道德情感的影响。不同道德文化中的科技工作者有自己特殊的道德荣誉感和信仰，也应有人类共同的道德感情，他们并不是一架纯粹的科技机器。作为一个公民，工程师首先应该遵循人类共同的道德准则。这也并不是一件轻易能做到的事情，因为科技工作者的职务行为所产生的影响往往比其他行业更大，所以他们必然要承担更多的道义责任。

今天的科学技术发展到如此发达的程度，一切先进技术的采用都伴随着精良设备的要求，建立在高起点上的科技活动已经离不开社会的大力投入。然而当今世界还远没有达到有足够的资金不加选择地资助任何一个研究项目的富有程度，那么社会的科技投资必然有所选择，社会的选择与发展目标毫无疑问地会制约和影响科技工作者研究目标的选择。正是因为科技工作者具有不同的道德倾向，也具有不同的利益动机，他们或受到利益的驱使，或为荣誉所诱惑，或为发现所鼓舞，为了争取社会的资助，他们不得不考虑科技成果的社会意义和应用价值。在追逐社会利益目标的过程中，他们就不再是只追问其科技价值的纯粹科学家，这就使他们常常不自觉地在利益选择与道德选择之间摇摆，甚至屈从于利益的驱使。人们痛心地看到一些科技工作者为追逐名利，或为获得社会、政府的科研资助和获得具有经济价值的工程项目丧失起码的科学精神及道德良知，不惜弄虚作假。

20 世纪，较典型的事例有被称为"美国科学界的水门事件"的萨默林事件，萨默林用墨水涂在小白鼠皮肤上使之留下黑斑，造成皮肤移植的假象，以证明不同种属的动物皮肤移植时不发生免疫上的排斥反应；美国的约翰·朗用枭猴染色体照片冒充人的染色体照片，宣称他独立地培养了霍奇金氏细胞系；中国的李富斌在国外期刊上发表两篇剽窃论文的同时，还捏造了 23 篇自己在国外发表的论文，从而获得国家自然科学基金资助项目。据估算，20 世纪重大的科学作伪案竟可能高达 2 000 件以上，其中参与者不乏著名的科学家。这就不难理解，美国工业工程师学会在 1989 年重新定义"工程"概念时，将伦理观念的实践看作一个工程师在解决问题时必须考虑的因素。

工程师的职业活动需要特殊的道德意识和道德审视来保证，因为科技工作者职业活动的高尚与智性的品质并不足以避免科技实践的负面效应。科学认知的相对性与局限性决定了科技运用风险的存在，而在崇尚科技的时代，这一点往往被人忽略。加之一部分习惯于只问"为什么"的科技工作者由于深陷其研究之中，其思路甚至情感都呈一意掘进的单向性，往往并不对其科技活动和成果运用作多方面的价值审视。如果今天的科技工作者仍然像过去那样埋头绘图桌、深陷实验室而不问其工作成果给社会带来的影响，如果人们仍然不对科技工作者提出必需的整体的社会观、未来观，仍然不要求他们建立环境意识、可持续发展意识、人类价值意识，那么科技运用的风险无疑会更大，这也是近代科技飞速发展而问题日趋严重的原因。因此，职业活动的高尚并不保障行为效果的道德性，因此，社会不能不对科技工作者提出道德审视的要求。

当然，也有良心泯灭的掌握科学武器的人，例如，2000 年被揭发的考古作假的日本"东北旧石器文化研究所"副理事长、考古学家藤村新一，柏林马克斯·德尔布吕克分子医学中心的编造研究结果、被称为"科学骗子"的分子生物学家玛丽昂·布拉赫，以及执意坚持克隆人类的"三魔头"。但是也不可以走向另一极端。工程师应懂得，科学的问题还需要用科学的手段来解决。事实上，对科技运用和工程活动中的风险警告正是来自科技工作者及工程师。科技工作者和工程师科学的求真精神、特有的怀疑精神、理性精神、良知与专业技术能力，以及对人类道德价值的良好理解是对科技运用和工程活动进行道德考量的最科学与最有效的保障。

在科技运用和工程活动中，行动也首先来自科技工作者和工程师。在国内外都不乏社会责任感有良知的科学家和工程技术人员：黄万里、袁隆平、李四光、雷切尔·卡逊、罗马俱乐部成员、富兰克林、曼努埃尔·帕塔罗约……他们以自己的专业技术预告风险并消除影响。例如，在切尔诺贝利核电站泄漏事故发生后十多年的时间里，有一支由科学家和工程师组成的队伍一起工作在那里，他们力图处置那些使核反应堆周围约20千米的范围内再也无法住人的大量核燃料。如果这些核燃料不能得到妥善处理，那么它就会威胁到更多的居民。这些科学家和工程师所受到的辐射远远地超过了美国制定的可接受的水平(约超过6万倍)。在哥伦比亚广播公司的60分钟专访节目中(1994年12月18日)，有一位队员说，为了继续从事这份工作，他上交了一份受辐射水平大大低于他实际所受辐射的"正式"记录。当问及他为什么愿意这么做时，他问答说："总有人要做这事，我不做谁做呢？"他特别提到他的两个儿子也想参加这支队伍。但是，他不想让他们参加，他们没有义务参加这项任务。一位乌克兰政府发言人在评价这支队伍的成就时，把志愿者描述成英雄和勇士。

事实上，多数工程技术人员都对社会的进步、公众的福利有深切的关怀，也将造福人类作为自己的职业目标。只是他们所做的研究不为世人了解罢了。例如，材料科学界正在关注我国森林虫腐问题。我国的人工林保存面积居世界首位，但森林病虫害每年都造成大量的损失。由于大面积的中幼龄林处于成长期，病害高发趋势还将延续。据中国科学院金属研究所2002年统计，我国因材料腐蚀导致事故所造成的经济损失高达5 000亿元，其中1/3可通过人为努力避免。这是材料工程研究的课题。这些问题必须依靠科技手段解决。

 案例分析及思考

挑战者号航天飞机灾难[①]

挑战者号航天飞机灾难(The Space Shuttle Challenger disaster)是指挑战者号航天飞机于美国东部时间1986年1月28日上午11时39分(格林尼治标准时间16时39分)发射在美国佛罗里达州的上空。挑战者号航天飞机升空后，因其右侧固体火箭助推器(SRB)的O形环密封圈失效，毗邻的外部燃料舱在泄漏出的火焰的高温灼烧下结构失效，使高

---

① 案例来源：https://upimg.baike.so.com/doc/5422680-5660880.html.

速飞行中的航天飞机在空气阻力的作用下于发射后的第 73 秒解体，机上 7 名宇航员全部罹难。挑战者号的残骸散落在大海中，后来被远程搜救队打捞了上来。

天气预报称 28 日的清晨将会非常寒冷，气温接近华氏 31 度(−0.5 摄氏度)，这是允许发射的最低温度。过低的温度让莫顿·塞奥科公司的工程师感到担心，该公司是制造与维护航天飞机 SRB(Soild Rocket Booster)部件的承包商。在 27 日晚间的一次远程会议上，塞奥科公司的工程师和管理层同来自肯尼迪航天中心和马歇尔太空飞行中心的 NASA 管理层讨论了天气问题。部分工程师，如比较著名的罗杰·博伊斯乔利再次表达了他们对密封 SRB 部件接缝处的 O 形环的担心，即低温会导致 O 形环的橡胶材料失去弹性。他们认为，如果 O 形环的温度低于华氏 53 度(约 11.7 摄氏度)，将无法保证它能有效密封住接缝。他们也提出，发射前一天夜间的低温，几乎肯定把 SRB 的温度降到华氏 40 度的警戒温度以下。但是，莫顿·塞奥科公司的管理层否决了他们的异议，他们认为发射进程能按日程进行。

负责 O 形环的首席工程师罗杰·博伊斯乔利对 O 形环的所有问题都非常熟悉。一年多以前，他就潜在的严重问题告诫过他的同事。O 形环是火箭推进部之间密封装置的一个部分。低温会导致 O 形环的橡胶材料失去弹性。如果 O 形环的温度低于华氏 53 度(约 11.7 摄氏度)，将无法保证它能有效密封住接缝。如果它们失去了太多的弹性，那么它们就无法起到妥善的密封作用，结果将是炽热气体溢出，点燃储存仓内的燃料，导致致命的爆炸。事实是发射前一天夜间的低温，几乎肯定把 SRB 的温度降到华氏 40 度的警戒温度以下。

莫顿聚硫橡胶公司的高级副总裁杰拉尔德·梅森知道国家航空和航天管理局(NASA)渴望一次成功的飞行。他也知道，莫顿聚硫橡胶公司需要签订一份新的合同，而不发射的主张显然不利于获得新合同。最终，梅森意识到，那些工程数据并不是决定性的。对于无法安全飞行的准确温度，工程师并不能给出任何确切的数据。基于温度和弹性之间明显存在着关联，在事关 O 形环安全的严肃问题上，工程师倾向于采取保守态度。梅森对监理工程师罗伯特·伦德说："摘下你工程师的帽子，戴上管理者的帽子。"于是，莫顿聚硫橡胶公司的管理层否决了工程师们的异议，认为发射进程能按日程进行。

由于低温，航天飞机旁矗立的定点通信建筑被大量冰雪覆盖。肯尼迪冰雪小组在红外摄像机中发现，右侧 SRB 部件尾部接缝处的温度仅有华氏 8 度(−13 摄氏度)。从液氧舱通风口吹来的极冷空气降低了接缝处的温度，让该处的温度远低于气温，并远低于 O 形环的设计承限温度。但这个信息从未传达给决策层。冰雪小组用了一整夜的时间来移除冰雪；同时，航天飞机的最初承包商罗克韦尔国际公司的工程师，也在表达着他们的担心。他们警告说，发射时被震落的冰雪可能会撞上航天飞机，或者会由于 SRB 的排气喷射口引发吸入效应。罗克韦尔公司的管理层告诉航天飞机计划的管理人员阿诺德·奥尔德里奇，他们不能完全保证航天飞机能安全地发射，但他们也没能提出一个能强有力地反对发射的建议。讨论的最终结果是，奥尔德里奇决定将发射时间再推迟一个小时，以让冰雪小组进行另一项检查。在最后一项检查完成后，冰雪开始融化时，最终确定挑战者号将在美国东部时间当日上午 11 时 38 分发射。

这次灾难性事故导致美国的航天飞机飞行计划被冻结了长达 32 个月之久。在此期间，美国前总统罗纳德·里根委派罗杰斯委员会对该事故进行调查。罗杰斯委员会发现，美国国家航空航天局（NASA）的组织文化与决策过程中的缺陷与错误是导致这次事件的关键因素。NASA 的管理层事前已经知道承包商莫顿·塞奥科公司设计的固体火箭助推器存在潜在缺陷，但未能提出改进意见。他们也忽视了工程师对于在低温下进行发射的危险性发出的警告，并未能充分地将这些技术隐患报告给他们的上级。

思考题

结合本章所学工程实践的规范体系和基本原则，谈谈你对美国挑战者号航天飞机爆炸事故原因的理解。当作为专业工程师的你的意见未被采纳或重视时，你会怎么办？

 拓展资料

[1]任旭. 工程风险管理[M]. 北京：北京交通大学出版社，2010.

[2]韩飞，胡定成，张策，等. 国际工程风险管控[M]. 北京：中国建筑工业出版社，2018.

[3]邓德伟. 工程安全与质量管理[M]. 大连：大连理工大学出版社，2016.

[4][美]爱德温·T.莱顿. 工程师的反叛——社会责任与美国工程职业[M]. 丛杭青，沈琪，叶芬斌，等，译. 杭州：浙江大学出版社，2018.

第4章

绿色工程与环境伦理

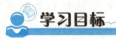

学习目标

　　学生能系统地理解环境伦理的基本思想，能在工程活动中建立起正确的环境价值观和伦理原则，尤其要求学生能在此基础上树立起正确的环境价值观念，并依据这种价值观念确立工程活动应该遵循的环境伦理原则；培养学生运用环境伦理原则和规范处理具体工程活动中问题的能力。

学习要点

◎ 风险与风险社会

◎ 工程中的风险来源

◎ 工程伦理问题的主体

素质提升

◎ 底线思维能力

◎ 辩证思维能力

◎ 新发展理念

◎ 人类命运共同体

案例导入

道德或利益：日本强推核污染水排海

　　2023年8月，日本当地时间24日13时，日本福岛第一核电站启动核污染水排海。在这次排放前，东京电力公司(TEPCO)就已公布了具体的排放计划：在17天内排放第一批共7 800吨核污染水。据日本时事通信社报道，2023年9月7日，福岛第一核电站第一批共计7 800吨的核污染水排放入海，截至2023年9月6日，共计排放6 100吨。2023年年底，日本电力公司向海洋排放了总计约3.12万吨的核污染水。

如今，日本积存的核污染水已超过 130 万吨，而且在以每天超 100 吨的速度增加，预计未来日本核污染水排海至少要持续 30 年。如果核污染水一直增加，排海将会一直持续。据最新消息，日本东京电力公司在 2024 财年（2024 年 4 月至 2025 年 3 月）会通过7 轮核污染水排海，共排放 54 600 立方米核污染水，放射量总计 14 万亿贝克勒尔。

2011 年 3 月发生的福岛核事故，属于国际核事件分级标准中最高级别的 7 级核事故，堆芯熔化损毁，放射性物质大量释放，具有大范围健康和环境影响。日方声称，经过多核素处理，系统 ALPS 净化的核污染水是安全无害的。事实上，该核污染水中含有多种放射性核素，很多核素在国际上尚无成熟、有效的处理技术，其中有大量核素半衰期极长，这些核素可能随洋流扩散并形成生物富集效应，将额外增加环境中的放射性核素总量，给海洋环境和人体健康造成不可预测的危害。

日本政府推进核污染水排海，引来日本国内渔业团体、太平洋沿岸地区、南太平洋岛国和国际社会的强烈反对与质疑。尽管多方反对，日本仍执意将核污染水排放入海，这会带来哪些影响？我们又该如何应对？

交流互动

请从科学性、安全性与透明性，工程中的风险与责任，工程与环保，企业的环保责任这些关键词中选取一个，谈谈你对日本福岛核污染水排海事件的看法。

4.1　工程、环境与伦理

4.1.1　工程与环境

工程与环境作为两个不同的系统，存在相互依存的关系。工程活动作为一个社会系统，只有与环境系统（自然环境和社会环境）不断进行物质、能量和信息的交换，才能实现自身的生存和发展。工程是由人类建造并造福人类自身的，工程建设的根本目的就是要改善人类生存环境，发展社会生产力。但是，工程作为利用自然、改造自然的造物活动，在某种意义上也是一把"双刃剑"，工程特别是大型和特大型工程在创造丰厚物质财富的同时，也不可避免地会对生态系统平衡和周边居民生活环境造成负面影响甚至严重后果。环境为工程提供所需的一切物质资源，如生态资源、生物资源、矿产资源等，离开了环境，工程就是无米之炊。人类一切工程活动的产物都是自然界的一部分，既受自然环境因素、资源气候及其他地理条件等的促进或制约，又对自然环境的变化产生难以磨灭的影响。工程作为人工建造的系统，是自然大系统的一个重要子系统，系统性、整体性及与自然的共生性、和谐性是现代工程的显著特点。但在传统的工程活动方式和工程技术应用中，工程师往往没有考虑到大自然的有机整体性和复杂性，而以机械的、片面的、线性的和非循环的方式对其加以作用，从而加剧了工程活动和工程技术的局部性、短期性与自然界的整体性、持续性的矛盾。

特别是随着科技进步及人类社会的发展，工程活动的广度、深度和强度日益增加，工程在塑造现代物质文明、增进社会福祉、改善人民生存环境和生活水平的同时，也对生态环境和社会可持续发展带来一些消极的影响，如耗费大量资源、破坏生态环境、污染空气和水资源、降低生物物种多样性、损毁文化遗址、侵占粮田耕地、施工扰民、发生质量安全事故等。

1962年，美国作家蕾切尔·卡逊（Rachel Carson）所著的《寂静的春天》（*Silent Spring*）出版，环境污染开始引起社会和公众的广泛关注。20世纪的一系列环境健康损害事件已经给人类社会敲响了警钟，如英国伦敦烟雾事件、美国洛杉矶光化学烟雾事件、日本水俣病事件和米糠油事件等。在我国的大规模工程建设中，也出现了大量劳民伤财、浪费资源的"形象工程"和偷工减料、破坏生态的"豆腐渣工程"，严重威胁到人们的生存质量和社会可持续发展。

如今，工程特别是现代大型工程、新基建工程和重大工程科技创新项目，更是以繁杂、庞大的复杂系统出现。人们必须将工程置于自然和人类社会的大系统中，从普遍联系的观点和系统整体的思维方式出发，探索工程系统及与外部环境系统的运行规律，促进人与环境的共生及工程人工系统与自然生态系统的和谐发展。

4.1.2 环境与健康

进入21世纪，突发的、急性的环境污染所导致的健康损害事件有所减少，但环境污染带来的长期的、慢性的健康危害不容忽视，且与环境污染因素相关的疾病发病率还在持续增高。在我国，由于当前环境污染状况的严峻性和复杂性，环境污染所导致的健康问题已经凸显。环境污染是危害我国国民健康的重要因素。由于人口规模大、区域差异性大、发展迅速但不平衡等，我国的环境污染也体现出不同于发达国家的显著特征：第一，高度复合。点源与面源污染并存，生活污染和工业排放叠加，一次排放污染与二次污染相互复合。第二，高度压缩。在整个工业化过程中的污染情况在较短的时间内集中呈现。这两点导致发达国家在污染治理方面的一些经验无法直接照搬到我国，现有的知识理论框架也需要经过我国的基础研究后进行更新，如对于复合污染健康风险的认识。由于经济发展的不平衡，部分欠发达地区特别是农村地区的公共卫生仍存在一些亟待解决的问题。例如，劣质固体燃料燃烧所导致的室内空气污染，以及缺乏清洁用水和基本卫生设施所引发的疾病等问题突出。一些长期存在的环境问题，如大气污染、水体富营养化、工业排放污染的威胁仍然严峻。许多农村地区正遭受着农药残留和固体废弃物处置不当带来的污染，而城镇居民则暴露于高水平的室外空气污染。另外，食品污染、饮用水污染、地下水污染、重金属污染、抗生素滥用和密集型畜牧水产养殖业带来的污染都极大地加剧了我国环境污染的复杂性。

经济社会的快速发展也带来了一些新的健康风险。例如，以卤代阻燃剂、全氟化合物等高产量化学品为代表的新污染物、电子垃圾、纳米材料、微塑料污染等。对于大气污染，随着大气细颗粒物(PM2.5)的下降，控制难度更大的臭氧(O_3)污染问题日益凸显。如何从众多风险因素中准确辨识出关键致病环境因素，对环境健康研究是个极大的挑战。

研究表明，人类70%～90%的疾病是遗传因素和环境暴露等多种因素共同作用的结果。例如，心血管疾病、免疫系统疾病、神经退行性疾病、不良妊娠、癌症等均已被证明与环境暴露密切相关。以癌症为例，据国家癌症中心于2020年12月发布的"2015年中国癌症发病与死亡统计"数据，2015年全国恶性肿瘤估计新发病例数为392.9万例，平均每天超过1万人被确诊为癌症，发病率与死亡率呈现逐年上升的趋势。不同区域之间的发病率存在明显差异，这些差异可能主要归因于生活方式、卫生条件和环境污染。癌症发病率是城市高于农村，而死亡率是农村高于城市。肺癌仍是我国死亡率最高的癌症，而大气PM2.5污染在中国的肺癌死因中占到23.9%，远高于全球平均水平(16.5%)。

空气污染带来的健康风险负担逐渐加重。2017年，《柳叶刀》发表的2015年全球疾病负担相关研究表明，大气PM2.5污染导致全球每年420万人死亡，占到全死因的7.6%，在所有的健康风险因素中排名第5(前4名分别为高血压、吸烟、高血糖和高血脂)；而中国是受空气污染健康危害最严重的国家之一，每年大气PM2.5污染导致110万人死亡，相比1990年增加了17.5%。2019年，《柳叶刀》发表的2017年中国疾病负担相关研究表明，空气污染为我国排名第4的健康风险因素(前3名分别为高血压、吸烟和高钠饮食)。

环境污染与疾病的内在关联不易辨析。根据环境污染导致疾病的方式，我国目前的公众环境健康问题大体上可分为以下四类。

(1)病因明确的小范围高发疾病。例如，某些由明确污染源导致的"癌症村"，以及由工业排放水体污染导致的下游高发疾病等。此类环境健康问题，因污染源明确，制定控制政策比较容易，而控制阻力往往来自执行过程。

(2)污染导致的大范围高发疾病。例如，由空气污染导致的上呼吸道感染、慢性阻塞性肺病、心血管疾病高发，以及由高砷地下水导致的地方性砷中毒等。此类环境健康问题影响面极广，但由于污染来源和成因复杂，治理难度大，需科学揭示关键致病组分和来源，从不同层面上制定综合的控制政策。

(3)病因不明的区域性高发疾病。例如，太行山地区的食管癌高发，以及云南宣威地区的肺癌高发等。此类环境健康问题对基础研究挑战最大，需通过研究范式的创新，综合考虑多种环境暴露和遗传因素，才能辨析出真正的致病因素，从而为健康风险控制提供科学依据。

(4)有空间局限性的小范围高发疾病。研究表明，居住场所越靠近城市主干道，心血管疾病和神经退行性疾病的发病率越高。此类问题由于混杂因素较多，虽然风险易于规避，但内在科学证据仍然不足。

大气PM2.5污染是我国目前面临的最为紧迫的环境问题。现有研究表明，大气PM2.5污染与心血管疾病、呼吸道疾病、肿瘤等多种疾病都有密切关系。但是，由于PM2.5组分和来源极其复杂，其诱发疾病的关键毒性组分及致病机制仍不清楚。另外，一般认为，癌症发生的风险因素可分为内因（如遗传因素、DNA复制随机错误）和外因（环境因素，如吸烟、酒精、紫外辐射、空气污染、致癌化学品、环境毒素等）。癌症是内因和外因共同作用下的结果。但是，内因和外因在癌症发生中哪个起到更重要的作用，目前仍极具争议。有学者通过研究美国癌症登记资料库及423个国际癌症数据库，发现不同器官组织的癌症风险与其干细胞分裂总数具有强相关性；因此，认为癌症主要归因于健康细胞的DNA在复制过程中发生的随机错误（"Bad luck"假说），而环境和遗传因素只占癌症风险的1/3。然而，也有人坚持认为，认为超过70%的癌症风险来自外部环境因素。

我国很多区域性癌症高发的病因仍不明确。例如，《2012中国肿瘤登记年报》数据显示云南宣威肺癌发病率高达93人/10万人，位居全国第一。对宣威肺癌的研究从20世纪70年代开始至今已有数十年之久，有研究者认为，室内燃煤空气污染是宣威肺癌高发的主要危险因素，其中多环芳烃（PAHs）、石英、氡等被猜测与肺癌高发有关，但其病因仍有争议。又如，太行山地区中的某些区域记录着世界最高的食管癌发病率（100人/10万人）。尽管已有数十年的研究和干预，但这些区域的致癌因素仍未能得到广泛接受的科学解释。

一些等发达国家数十年前即在国家层面部署了环境污染毒理评价与健康影响战略研究计划，并投入大量资金支持相应的基础研究。欧盟通过政策性导向支持欧盟第六和第七框架计划相关项目研究，并与经济合作与发展组织（OECD）合作建立"评估方法"。《欧洲环境与卫生行动计划（2004—2010）》已经顺利实施。英国、法国、挪威、希腊、西班牙和立陶宛6个国家13家合作机构基于6个母婴队列联合开展了人类生命早期暴露组（HELIX）研究，期望获取欧洲人群的早期暴露和儿童时期健康的关系。该机构测量了32 000多对母婴的环境暴露特征及其对儿童成长、发育、健康的影响，在1 301个血液和尿液样本中共检出45种外源污染物或其代谢物。已有10个欧洲出生队列——BAMSE（瑞典）、GASPII（意大利）、GINIplus与LISAplus（德国）、MAAS（英国）、PIAMA（荷兰）和4个INMA队列（西班牙），涉及空气污染与肺炎、哮喘、中耳炎等疾病之间的相关性。比利时于2017年启动了"EXPOsOMICS"计划，试图通过对空气污染和水污染健康效应的研究，将外暴露和内暴露整合起来，以建立暴露组学研究方法。美国启动了

"Tox21"计划，通过科学导向，自上而下地开展系统的"毒性通路"研究，以发现新的分子生物学靶点，揭示毒性作用模式。美国国立环境健康科学研究所（NIEHS）的《环境与健康新战略计划（2012—2017）》则充分关注了低剂量暴露、暴露组学、表观遗传改变、靶点与通路等问题。为了推动全环境关联研究及人类暴露组计划，美国发起成立了暴露组联盟。2012年，美国政府发布《生物监测国家战略》，开展国家生物监测项目（NBP）研究，旨在评估人群营养状态及美国人群对环境化学品和有毒有害物质的暴露水平。2013年，美国成立了HERCULES暴露组研究中心，该中心致力于提供新的暴露组学研究方法。日本于2011年启动了全国范围的出生队列研究"环境和儿童研究"，拟评估一系列环境因素对儿童健康和发育的影响。

由上可见，在环境健康研究方面，发达经济体早已提前出发。然而，上述大科学计划或工程多针对已知的特定污染物，对污染物的非靶向全局分析较少，系统方法学还不完善；虽然深化了对污染物在人体内赋存水平的认识，但在探明疾病和污染的因果关系方面的进展不突出。另外，由于不同地区污染特征的巨大差异，其他国家的研究结论和控制策略不能直接推广到我国。

我国环境健康基础研究中仍有薄弱环节。解决当今世界环境健康问题的"瓶颈"仍然在于基础研究。环境中的污染物数目极其庞大，其理化性质、赋存水平、时空分布、毒性效应等差异巨大。从中厘清其与人体疾病发生发展的关系，需借助环境科学、医学、化学、生命科学、地球科学、统计学等多方面工具，其中存在以下4个薄弱环节。

（1）研究方法学不完善，缺乏暴露标志物。厘清环境暴露与疾病发生的关系，需将外部暴露和内源生化响应有效整合起来，建立"污染过程—人体暴露—人体响应—疾病发生"的全局研究路线。特别是在人体暴露的环节，需将环境外暴露和人体内暴露进行有效的结合，才能找到与疾病相关的真正影响因素。然而，个体差异和人口流动性，使建立与外暴露响应的人群内暴露评价模型极为困难，导致环境外暴露和人体内暴露研究仍处于脱钩状态。这一环节依赖可靠的暴露标志物，包括可直接测量的化学物质（如血液中的外源污染物）或通过生理机制以各种方式修饰过并仍能识别的化合物（如代谢产物或加合物）。暴露标志物的研究应贯穿疾病的"上游"（疾病病因）及"下游"（预测与诊断）研究。然而，目前可靠的暴露标志物数量极其有限，研究手段也多局限在对现有生物标志物的浓度检测方面，能够获取的信息有限，导致无法准确辨析疾病发生中的各类复杂因素。

（2）难以获得疾病与污染之间因果关系的科学证据。目前的研究结果大多是通过流行病学研究获得，通常采用问卷调查的方式获取辐射、气候、环境污染等外暴露信息，但人体内暴露化学物质的种类和水平无法通过问卷调查及地理气象资料查询获得。目前研究大多关注的是疾病与单一或几种环境因素的关联关系；但面对混杂多因素时，关联性分析很难辨析出风险因素与疾病的因果关系，绝大多数关联关系的内在科学证据仍然不足。这导致很多疾病的环境诱因及致病机制仍无法明确。

（3）基于人群获得的方法和结论无法用于个体风险评估。目前，病因学研究多基于大范围的人群调查。但是，由于个体之间的疾病易感性及生活环境差异巨大，基于人群大数据获得的方法和结论不能直接用于个体风险评价。同样，由于暴露标志物的缺乏，对个体的风险评估仍然极为困难。

（4）外源污染因素诱导疾病发生的机制不明。由于疾病发生往往是多因素共同作用下的复杂过程，对其发生机制的研究高度依赖识别、检测和追踪等化学工具。但是，由于相关研究手段和标志物的缺乏，很多外源因素诱发疾病的机制和关键生理过程并不明确，因而造成预防和诊疗的靶点无法定位。因此，环境健康研究急需新的思路、新的途径和新的手段，以厘清不同因素在疾病发生发展中的作用与机制。

当前，为了积极应对气候变化，2030 年实现碳达峰、2060 年实现碳中和已成为我国经济和社会发展的重要目标，且必将深刻影响我国能源结构和环境污染形势。由于环境健康问题既涉及不同学科领域，也涉及从微观到宏观不同的研究层面，学科交叉创新无疑是解决环境健康问题的必经之途，这也给相关基础研究提出了新的要求。

4.1.3 绿色工程与环境

"绿色理念"是人类在对环境问题进行认识和思考中产生及发展的。绿色是大自然的底色，是人类永续发展的必要条件。绿色工程，也称生态工程，是指按照可持续发展理念和保护环境、节约资源的原则，充分应用现代科学技术开展绿色设计、绿色施工和低碳生产而建造的经济、社会、生态效益俱佳的工程。早在 20 世纪 60 年代，早期发展理念的弊端日益显现，工业化国家相继出现大规模的污染公害事件，生态环境呈恶化趋势，出现"有增长而无发展"的现象，人们开始对经济增长决定论提出疑问并进行反思。美国等发达国家掀起了以绿色设计、绿色生产、绿色工程等为主要内容的绿色运动。20 世纪 80 年代之后，随着能源危机及公害问题的进一步加剧，人们开始认识到环境问题长此以往会带给人类社会毁灭性的灾难。迫切的危机感使人们逐步突破单纯的环境问题，更加全面、深入地思考人类社会未来的可持续发展。1987 年，世界环境与发展委员会出台了《我们共同的未来》报告，在全面地论述人类面临的经济、社会和生态问题的基础上，正式提出了"可持续发展理念"。"可持续发展理念"的提出，进一步丰富、深化了绿色理念的内涵，促进了世界范围内民众绿色发展意识的觉醒。其后，以"可持续发展"为核心的绿色理念开始在全世界范围内被人们接受，并日益成为全球普遍共识。

随着绿色理念的深入发展，20 世纪 80 年代开始，国际工程界、教育界开始反思工程设计和工程实践对自然环境、人类社会的影响，强调将环保、可持续发展等绿色理念与工程设计和教育实践相结合，通过科学和技术实现可持续发展的目标。在绿色运动、可持续发展理念的推动下，绿色工程教育逐步成为国际工程教育改革的大势所趋。美国高校在推进绿色工程教育方面更是成效卓著，形成了战略规划明确、课程体系完善、推进机制协同、校园绿色氛围浓郁等鲜明特色。[①] 例如，美国工程师学会联合会在 1994 年发表的"可持续发展工程和教育"联合声明中，就曾强调绿色工程与工程伦理教育在工程师培养中的重要地位，要求工程师在获得任职资格之前必须通过有关工程伦理方面的测试；1998 年，美国国家环境保护局发起一项绿色工程计划，计划通过编写绿色工程手册、支持绿色工程课程开发等形式，积极倡导在高等学校工程教育中融入绿色理念。2003 年，美国科学家 Anastas P T 等[②]在绿色工程概念的基础上，首次提出"绿色工程 12 原则"，为实现绿色设计和可持续发展目标贡献了科学的方法论系统，使"绿色工程"逐步成为国际工程领域遵循的重要理念。2004 年，美国国家工程院和美国国家自然科学基金委员会联合发布了《2020 的工程师：新世纪工程的愿景》报告，将工程与可持续发展作为新世纪工程教育应予以关注的六个重要方面之一。

随着可持续发展理念及其教育的深入，英国、美国、加拿大等国家还开始了绿色大学的创建活动和绿色工程人才培养的实践探索，并积极开展环境与可持续发展教育，在大学开设绿色工程教育和工程伦理课程，以发挥大学在环境研究与保护、废弃物治理和资源能源合理利用等方面的积极作用。其中，美国的马萨诸塞理工大学、斯坦福大学、杜克大学和卡内基-梅隆大学，日本的东京大学、京都大学和加拿大的滑铁卢大学等世界著名理工科大学更是发挥了表率作用。为适应全球环境与可持续发展教育的蓬勃发展趋势，国内高校特别是理工科高校，对绿色工程教育的关注度也不断提高，清华大学、哈尔滨工业大学、中国矿业大学、同济大学、北京航空航天大学、华东理工大学、合肥工业大学等一批著名理工科院校纷纷开展了绿色工程教育和绿色大学创建活动。

可持续发展的绿色工程观要求工程师在追求经济利益和个人利益的同时，还必须考虑社会效益、生态效益及集体利益和人类的长远利益，即在工程的决策、规划、建设、运营管理及事后评估等多个阶段，都要从维护生态平衡和可持续发展的角度出发，决不能以消耗大量资源和破坏子孙后代的自然环境为代价，让本该造福人类的工程成为危害后代生存环境的隐患。例如，在工程决策阶段，要全面考虑工程项目、工程产品及技术在整个生命周期中对环境可能带来的负面影响和社会风险；在工程设计阶段，要将节约资源、保护环境的绿色设计理念贯穿其中，并预先考虑到工程实施及运行可能带来的资源消耗和环境问题及其事后预防工作，从而设计出清洁低碳、安全可靠、适用耐久、美观环保的绿色工程；在工程评估阶段，要对工程的经济效益、社会效益、环境效益、生态效益及工程风险和可能的技术滥用作出客观、全面的评价。工程师是工程科技的创造

① 金保华，高旺. 美国高校绿色工程教育：历程、特征及启示[J]. 黑龙江高教研究，2022，40(08)：55-58.
② Anastas P T，Zimmerman J B. Design through the 12 principles of green engineering[J]. Environmental Science & Technology，2003，37(5)：94-101.

者、工程方案的设计者和工程活动的执行者，他们对工程及工程技术引发的生态环境问题负有预防、保护和治理的特殊责任。在工程师的传统观念中，工程往往被视为征服自然、改造自然的工具，认为自然资源和环境相对于人类的工程活动而言是无限的，是取之不尽、用之不竭的，因而，工程活动往往以创造物质财富和发展经济生产为核心，忽视了节约资源和保护环境，导致工程实践呈现出资源开发、经济利益的合理性与节约资源、保护环境的不合理性并行的状况。

为此，西方发达国家的各类工程专业组织在其工程职业伦理章程中都制定了包括环境伦理规范在内的工程伦理规范，都要求工程师将公众的安全、健康和福祉及生态环境责任放在首位；我国在工程专业认证标准的制定和工程师职业资格认证制度的建立中，也日益关注工程师的伦理规范和环境伦理责任问题。鉴于此，要通过在继续工程教育与培训中融入绿色工程教育理念和元素，增强工程师的环境伦理意识，并主动承担起相应的环境保护责任，用绿色工程理念和环境伦理规范指导并约束自己的工程行为。同时，通过加强绿色工程教育，让未来的工程师——理工科大学生认识到：人对自然必须履行责任和义务，将公众福祉和环境保护置于首位，使工程的规划（研发）、设计、建造（制造）都能顺应和遵循自然规律，以自然的承受能力为准绳，建设更多资源节约型、环境友好型、生态良好型的绿色工程，使工程对自然环境的干预和损害降到最低，实现工程与环境保护的良性互动。

4.1.4 环境与伦理

良好的生态环境是人类健康生存和发展的基础。面对工程引起的生态环境问题及健康问题，需要各领域人士共同参与解决。首先，在工程提案之前就要对其进行深入的哲学思考和科学论证。如都江堰水利工程，从李冰开始修建至今已有 2 500 多年的历史，经过很多次维修，至今仍在灌溉、防洪、供水、发电、养殖、旅游等方面发挥作用，之所以该工程能持续不断地运行，得益于它内在的有机整体系统、后人对其介入的维护工作等，是在充分了解其系统结构后，对其合理改进，也是唯物辩证法理论在水利工程领域应用的成功范例。事实证明，好的工程可以长期地为民众创造幸福源泉，而不好的水利工程很快将被历史淘汰。工程是一个复杂的系统，就像人体系统一样，需要人文关怀。然而，人总是将自己作为自然的主人角色，用传统的主客二元对立的思维模式来对待工程实施中不可避免会发生的人与自然冲突的问题。因此，需要结合科学的发展视角，建构新的相互协调的主客体关系，摆脱以往以人为中心、一切为人的思想，可能会使当代的工程能更好地为人类服务，也可避免与大自然的冲突局面。

以伦理的视角来审视环境，是承认环境具有其"内在价值"，这种价值并不因人类而发生改变，也正是因为人类总是以人类中心主义来对待环境，才冒犯了环境自身的"内在价值"，产生了环境中的伦理问题。当前，最大的环境伦理问题是环境保护与经济发展的统一和对立。环境污染纠纷主要有三种情况：一是政府责任型环境污染纠纷；二是企业责任型环境污染纠纷；三是混合责任型环境污染纠纷。基于以上环境责任问题，工程师需要确立起自然环境的伦理地位，明确对自然环境的伦理责任。徐匡迪院士说："工程科技不仅要满足人们在物质文化生活方面的需求，还要在高效利用资源、保护生态环境方面发挥积极作用。21世纪的工程师应从单纯追求创造丰富的物质财富转向成为可持续发展的实践者。"①面对工程与环境之间的矛盾与冲突，相比其他工程师和非环境工作者，环境工程师应该负有更加特殊和重要的伦理责任，对于他们来说，如何评估工程给环境带来的影响及如何运用环境伦理的原则来处理工程与环境之间的关系，既是他们的基本职业伦理规范，更是其社会伦理责任的重要内容。

随着全球气候治理进程和碳达峰碳中和战略的实施，人类将面临一场更深刻、更广泛的新的环境革命。人们正在应对的气候问题，就是环境保护领域需要回答的十分典型又非常复杂的环境伦理问题。气候是人类21世纪以来最为切身的环境体验。与其他环境问题略有不同的是，气候问题的全球性特征更为明显，因为环球同此凉热。联合国每年召开一次气候变化大会，这也是世界上最大、最重要的气候问题相关会议，全球190多个国家几乎都参与了。应该说，中国对应对气候变化是真重视的，人们不仅作出了"双碳"目标的中国承诺——2030年实现碳达峰、2060年实现碳中和，并且采取了切实有效的行动。数据显示，截至2024年2月，我国可再生能源装机容量位居世界第一；全球1/4的新增绿化面积来自中国。应对气候变化不仅是政治、经济、技术问题，背后涉及的是民族主义和全球主义价值取向之争，是责任分担如何体现环境正义的问题，是领导人能否兑现承诺的环境伦理责任的履行问题。只有世界各国寻找到了共同的利益，并在互信的基础上达成共识，才有可能在减少分歧、不断磨合的过程中进行合作。在应对气候变化问题上，如何认识和构建环境利益共同体、环境责任共同体、环境价值共同体和环境行动共同体？每个国家应当为这个共同体做什么？这些都是环境伦理需要思考和解决的问题。

另一个是如何应对新冠疫情这类对人类造成巨大灾难的公共卫生事件？这是一个涉及人与自然如何和谐相处的生态伦理问题。由此引发如何善待生物多样性和生态系统，这个问题也饱受世界关注，是人类道德的又一个制高点。新冠疫情再次触发了人们对人与自然关系的深刻反思。从表面上看，新冠疫情是人与新型病毒的一次抗争，但本质上，反映了当下人与自然关系的失衡，深层次原因是人与自然关系遭到过多的人为干扰。我们不断破坏脆弱的生态系统，造成人类与野生生物的接触越来越多，野生生物携带的病毒扩散到牲畜和人类身上的机会就越多，大大增加了疾病发生和蔓延的风险。这次疫情

---

① 徐匡迪. 中国工程科技应推动实现"绿色制造"[N]. 人民日报，2004-11-26(02).

和以往的疫情有很高的相似度。从近几十年来的情况看，人类所有的流行病几乎都与动物有关：埃博拉病毒是由蝙蝠通过中间宿主（黑猩猩、猴子等）传给人类；艾滋病是由黑猩猩将病毒传给人类；非典是通过蝙蝠经由中间宿主传播给人类；甲型流感是由猪传给人类；中东呼吸综合征是由蝙蝠通过骆驼传给人类；疯牛病是由牛传给人类。疫情过后，照亮我们前行道路的，是我们的警醒、反思和足够的理性。有一句谚语讲得好："太阳底下无新事。"新冠疫情不是第一次，也难以指望它是最后一次。这是地球迄今为止发出的最强烈的警告。它警示我们，必须改变我们的价值观念、生活方式和生产方式。如何对待动物，对待生物多样性，对待生态系统，对待地球生物圈，这些都反映出我们环境道德水平的高低。

4.2 环境伦理

2017年1月，习近平主席在联合国日内瓦总部发表题为《共同构建人类命运共同体》的重要演讲，提出建设一个持久和平、普遍安全、共同繁荣、开放包容、清洁美丽的世界。2021年4月，习近平主席在领导人气候峰会上呼吁各国"共同构建人与自然生命共同体"。作为完善全球治理和世界生态文明建设的中国方案，共同构建人类命运共同体和人与自然生命共同体的倡议正推动全球环境治理伦理转向。

（1）环境伦理缺失影响全球环境治理。人类一直痴迷于科技进步而不是伦理提升。科技快速发展和伦理缓慢生长，导致地球生态系统被肆意改变，环境状况持续恶化。全球环境变化实为人类缺失道德所致，说到底是一个伦理问题。但国际社会主要依靠科技与制度来加以应对，而不是通过对国与国关系和人与自然关系注入环境伦理以寻求彻底解决，这就使全球环境治理出现严重赤字。

1）价值目标缺失。由于环境伦理尚未跨越国界，尚未锁定在人与人之间，各国长期缺乏命运共同体意识，并未意识到人类天生就是一个生态共同体、人与自然是一个生命共同体，因而未把推进全球环境治理，进而构建人类命运共同体作为共同追求的价值目标。

2）责任意识薄弱。对于全球环境治理，国家作为主要行为体一直缺乏一种为了本国、他国、人类乃至其他物种的繁衍生息而承担责任的意识。结果，各国是否参与、在多大程度上参与全球环境治理，完全由它们自主决定，最终陷入集体行动的困境。

3）推进动力不足。当前全球环境治理好比一辆二轮推车，即只有科学之轮和制度之轮，没有提供牵引力的伦理之轮。而且，由于在治理目标设定和责任划分方面存在重大分歧，各国难以真正齐心协力，导致国际合作治理的力度与全球环境变化的程度不匹配。

（2）给全球环境治理提供伦理支撑。全球环境治理需要伦理价值指引，否则就会迷失方向。人类命运共同体理念通过倡导人与自然是生命共同体和各国是命运共同体，构成对自然规律和社会规律的本质揭示，并为人与人关系、国与国关系和人与自然关系确立了环境保护的社会伦理、国际伦理及自然伦理。这三种伦理叠加而成的全球生态伦理正在推进全球环境治理。

1)确立价值目标。人类命运共同体呼吁各国弘扬人类命运与共的全球伦理精神，培养同舟共济、共生共荣的全球伦理意识，最终把生态危机隐现的"地球村"建设成为一个清洁、美丽的世界。这就确立了全球环境治理的价值目标。

2)强化责任意识。人类命运共同体的要义就是承认人类，包括个人和国家，应基于其身份担起应尽的责任。由于人类只有一个地球，各国共处一个世界，人类命运共同体首先是一个责任共同体，各类国际行为体都应当有保护全球环境的责任意识和担责意愿。

3)增强推进动力。由于国家之间在相关责任分担上分歧严重，加之一些国家搭便车，致使全球环境治理的推进动力严重不足。人类命运共同体为国家间关系确立了一种新范式，通过遵循共商、共建、共享原则革新传统逻辑，强化国家保护环境的责任意识，为全球环境治理提供了新动力。

(3)命运与共下的全球环境治理需要伦理转向。随着全球生态危机的日趋严重，各国形成一个生死相依的命运共同体，如同坐在同一艘因发生故障而危在旦夕的太空船上，此时必须践行人类命运共同体理念，才能避免自身的毁灭。为此，改善全球环境治理需要进行伦理转向。

1)进行动力系统的全面升级，即从二轮驱动到三轮驱动。由于对污染环境没有负罪感，人类一直以来仅依靠科技和制度来驱动全球环境治理，其有效性和公平性不足。在构建人类命运共同体时代，应给全球环境治理增加伦理之轮，这样不仅能够全面改进全球环境治理的动力系统，而且可促进法律制度和技术的环境友好化，加快治理步伐。

2)对价值取向适度校准，即从国际环境正义到全球生态正义。为了建成人类命运共同体所倡导的普遍安全和清洁、美丽的世界，全球环境治理需要建构一个超越发达国家与发展中国家不平等关系的正义体系，即国际环境的正义体系，以此为基础，才有实现全球生态正义的可能。国际环境正义致力于在发达国家与发展中国家、富人与穷人、当代人与未来世代之间，实现环境利益的公平分享、环境风险的公平分担、环境责任的公平分配。另外，还应当对国际环境正义做"种际"延伸，即人类要考虑其行为对于其他物种的影响，因为人类与其他物种是一个生命共同体。

3)对治理支点进行根本转换，即从国家环境主权到全球生态责任。对于全球环境治理来说，人类命运共同体揭示出人类"共在与共荣"，各国应共商、共建、共享。其中最重要的是应共担，即共同承担环境保护责任。在主权国家对环境保护作为或不作为都会给其他国家带来严重影响的当今时代，需要给主权国家设定相应的环境保护责任，使其不再推卸应承担的相关责任，使"共同责任"与"有区别责任"之间实现联动。

　　任何工程都是在一定的自然环境中进行的，都是改造自然材料，使它服务于人类的需要。所以，工程是直接改变自然状态的活动。工业革命以来，人类凭借科学技术加强了对自然物质的利用，人类对自然环境和生态的影响越来越大。随着工业化步伐的加快，全球的环境和生态状况也日益恶化。环境是人类赖以生存和发展的物质空间及其中包括的全部物质要素的总和。正当人类陶醉在从对自然环境的依赖和被限制状态中摆脱出来的喜悦中，陶醉在通过人的实践活动对自然环境进行无休止的开发、攫取、征服和破坏的喜悦中，也同时陷入了另一场危机。早在 1306 年，英国就注意到了用煤引起的环境污染问题，当时英国议会曾经发布公告，禁止伦敦的工匠和制造商在议会开会期间用煤。但是因为当时环境污染只是在少数地方存在，污染物也少，依靠大气的稀释净化作用，尚未造成大的灾害。环境污染发生质的变化并威胁到人类生存还是由 18 世纪末期到 20 世纪初的产业革命引起和加剧的。自 20 世纪中期以来，随着科学技术的突飞猛进，人类以前所未有的速度创造着社会财富与物质文明，但同时也严重破坏着地球的生态环境和自然资源，如由于人类无节制地乱砍滥伐，致使森林锐减，加剧了土地沙漠化，生物多样性减少，地球增温等一系列全球性的生态危机。这些严重的环境问题给人类敲响了警钟。世界各国认识到生态恶化将严重影响人类的生存，不仅纷纷出台各种法律法规以保护生态环境和自然资源，而且开始思考如何谋求人类和自然的和谐统一。

　　工业化进程中出现了两种保护环境的思路：一种是资源保护主义，主张"科学的管理，明智的利用"，保护的目的是更好地开发、利用。这是一种人类中心主义的资源管理方式，这种功利主义自然保护思想在进入 20 世纪后一直是资源保护运动的基本原则。另一种是自然保护主义，保护自然本身的利益，保护的目的是自然自身。这是一种非人类中心主义的资源管理方式。这两种保护环境思路的发展产生了环境伦理的"人类中心论"和"生态中心论"之争。"人类中心论"将人看成自然界唯一具有内在价值的事物，必然地构成一切价值的尺度，自然界的其他事物只有工具价值。在人与自然的伦理关系中，道德原则的确立应该首要地满足人的利益，工程活动的出发点和目的只能且应当是人的利益。人对自然并不存在直接的道德义务，如果人对自然有义务，那么只是对人的义务的间接反映。"生态中心论"认为正是人类中心论导致了自然界对人的惩罚，才致使气候问题的发生与蔓延。人类不是一切价值的源泉，因而，人类的利益不能成为衡量一切事物的尺度。人类只是自然的一部分，需要将自己纳入更大整体之中才能客观地认识自己存在的意义和价值。非人类中心主义衍生出了环境伦理的另外两种思想，即动物解放论和动物权利论。主张把道德关怀的对象范围扩大到一切有生命的存在，倡导一种尊重生命的态度；生物中心主义、生态整体主义主张整个自然界及其所有事物和生态过程都应成为道德关怀的对象。

环境伦理是研究人与自然关系的应用伦理，环境伦理关注的是人们满足环境本身的存在要求或存在价值的问题。环境问题的实质不是环境对于人们的传统的需要而言的价值，而是对后现代文明而言的价值，简单地说，就是环境在满足了人的生存需要之后，人类如何满足环境的存在要求或存在价值，而同时人类满足自身的较高层次的文明需要。另外，环境伦理将伦理对象扩展到了自然界，在生发之时就存在对人与自然关系的深刻反思。在人际伦理、社会伦理和环境道德的发展演化中，环境伦理科学地平衡着人与自然的关系，并在伦理关注对象的扩张中，凸显出伦理意识在生态环境领域的深化及运用。环境伦理倡导的善待自然的新伦理观念，将环境友好与人类社会科技进步相融合，推动践行更清洁、更绿色、更可持续的生产和生活方式，致力于让未来的科技不再是自然的对手，而是和自然共生的一部分，保证科技活动始终沿着造福人类并有益于生态系统健康的正确方向前进，进而实现人类从工业文明的历史辉煌向生态文明可持续繁荣迈进。

环境伦理理念体现在以下四个方面。

(1)拥有环境威胁敏感度是基础。21世纪职业工程师必须敏感体察环境威胁，必须意识当今世界的八大环境威胁和两大可持续发展威胁。八大威胁是温室气体排放、能源保护与核能使用、废弃物处理、空气污染、酸雨、水污染、人口指数增长、公众无意识灾难；两大可持续发展威胁是气候变化、石油用尽。环境威胁敏感度表现为一种环保意识，是一种外系自然，内蕴人性的内涵指向，是人与自然关系在人的意识中的伦理呈现，具有人为自身立法的伦理觉悟，使人始终在自然面前扮演着伦理角色。环保意识便在对人类生活方式与发展方式的深刻审理中，促使人将自然的关切情感转化为伦理规范，以促使形成更高水平、更可持续发展的模式。

(2)掌握环境法律准则是核心。环境伦理要求职业工程师在工程实践中保护环境和生态安全，照顾人民福祉。

(3)拥有绿色工程理念是原则。绿色工程理念注重工程的设计、资源的选择、方案的确立及最终实施全过程，始终如一地基于可持续发展理念，着力协调好资源、环境、社会之间的关系。

(4)维护公众福祉和社会大众安全是目标。职业工程师在处理环境伦理问题时会遭遇道德困境，需平衡社会公众的安全、人民的福祉和对雇主的责任。需仔细考虑该工程是否符合安全、伦理、合法的原则，为了公众的安全和人民的福祉，职业工程师有义务就环境问题向有关部门汇报。

（1）环境正义原则。正义指的是权利与义务之间的平衡，它要求享受了一定权利的人要履行相应的义务。如果一种社会制度的安排使那些履行了相应义务的人获得了他们应该得到的东西（利益、地位、荣誉等），那么这种社会制度就是正义的。环境正义就是在环境事务中体现出来的正义。从形式上看，环境正义有两种形式，即分配的环境正义和参与的环境正义。前者关注的是与环境有关的收益与成本的分配。从这个角度看，人们应当公平地分配那些由公共环境提供的好处，共同承担发展经济所带来的环境风险；同时，那些污染了环境的人或团体应当为污染的治理提供必要的资金，而那些因他人的污染行为而受到伤害的人，应当从污染者那里获得必要的补偿。参与的环境正义指的是每个人都有权利直接或间接地参与那些与环境有关的法律和政策的制定。人们应当制定一套有效的听证制度，使有关各方都有机会表达他们的观点，使各方的利益诉求都能得到合理的关照。参与正义是环境正义的一个重要方面，也是确保分配正义的重要程序保证。

（2）代际平等原则。从代际伦理的角度讲，代际平等原则是人人平等这一伦理原则的延伸。权利平等是平等原则的核心要求，当代人享有生存、自由、平等、追求幸福等基本权利；同样，后代人也享有这些基本权利。当代人在追求和实现自己的这些基本权利时，不应当减少、损害后代人追求和实现他们的这些基本权利的机会。从社群伦理的角度看，人类社会是一个由世代相传的不同代人组成的道德共同体。每代人都从上一代人那里"免费地"继承了许多文化和物质遗产，每个人也是依靠父母的无私照顾和关爱而得以成长的。正是通过履行对子孙后代的关心义务，我们部分地报答了先辈和父母的恩惠，使人类作为道德存在物的基本属性得到了实现，也使代际义务的链条得以延续。因此，关心后代，给后代人留下一个功能健全、品质良好的生态环境，是人们对于作为人类道德共同体成员的后代所负有的基本义务。

（3）敬畏大自然的原则。尊重自然是科学理性的升华。现代系统科学和环境科学已经告诉人们，人是自然生态系统的一个重要组成部分。自然系统的各个部分是相互联系在一起的；人类的命运与生态系统中其他生命的命运是紧密相连、休戚相关的。因此，人类对自然的伤害实际上就是对自己的伤害，对自然的不尊重实际上就是对人类自己的不尊重。

习近平总书记在党的二十大报告中指出，尊重自然、顺应自然、保护自然是全面建设社会主义现代化国家的内在要求。这是对新时代以来我国生态文明实践的新的理论总结，充分反映了中国共产党对什么是现代化，以及如何实现现代化的认识达到了新的高度，习近平生态文明思想由此而得以进一步丰富和发展。中国是世界上"自然资本"相对贫乏的地方，在这种情况下，人们必须保持清醒的头脑，即中国既没有挥霍的理由，也没有浪费的资本，唯有努力建设资源节约型社会、环境友好型社会，坚持与自然界和谐共处，才是正确的道路。

4.3　可持续发展

4.3.1　"可持续发展理念"的提出

可持续发展是科学发展观的基本要求之一，是关于自然、科学技术、经济、社会协调发展的理论和战略。20世纪60年代末，人类开始关注环境问题，1972年6月5日联合国召开了"人类环境会议"，提出了"人类环境"的概念，并通过了人类环境宣言成立了环境规划署。这次研讨会云集了全球的工业化和发展中国家的代表，共同界定人类在缔造一个健康和富有生机的环境上所享有的权利。自此以后，各国致力界定可持续发展的含意，现时已拟出的定义已有几百个之多，涵盖范围包括国际、区域、地方及特定界别的层面。

1987年，世界环境与发展委员会在《我们共同的未来》报告中第一次阐述了"可持续发展"的概念，将可持续发展定义为："既能满足当代人的需要，又不对后代人满足其需要的能力构成危害的发展。"其得到了国际社会的广泛共识。它系统阐述了可持续发展的思想。

1991年，中国发起召开了"发展中国家环境与发展部长会议"，发表了《北京宣言》。

1992年6月，联合国在里约热内卢召开的"环境与发展大会"，通过了以可持续发展为核心的《里约环境与发展宣言》《21世纪议程》等文件。随后，我国政府编制了《中国21世纪议程—中国21世纪人口、资源、环境与发展白皮书》，首次把可持续发展战略纳入我国经济和社会发展的长远规划。

1994年3月25日，中华人民共和国国务院通过了《中国21世纪议程》。为了支持《中国21世纪议程》的实施，同时，还制订了《中国21世纪议程》优先项目计划。

1995年，党中央、国务院把可持续发展作为国家的基本战略，号召全国人民积极参与这一伟大实践。

可持续发展是人类对工业文明进程进行反思的结果，是人类为了解决一系列环境、经济和社会问题，特别是全球性的环境污染和广泛的生态破坏，以及它们之间关系失衡所作出的理性选择，"经济发展、社会发展和环境保护是可持续发展的相互依赖互为加强的组成部分"，中国共产党和中国政府对这一问题也极为关注。最早出现于1980年国际自然保护同盟的《世界自然资源保护大纲》："必须研究自然的、社会的、生态的、经济的以及利用自然资源过程中的基本关系，以确保全球的可持续发展。"1981年，美国雷斯特·R.布朗(Lester R. Brown)出版《建设一个可持续发展的社会》，提出以控制人口增长、保护资源基础和开发再生能源来实现可持续发展。1987年，世界环境与发展委员会出版《我们共同的未来》报告。1997年，党的十五大把可持续发展战略确定为我国"现代化建设中必须实施"的战略。2002年，党的十六大把"可持续发展能力不断增强"作为全面建设小康社会的目标之一。

因为可持续发展涉及自然、环境、社会、经济、科技、政治等诸多方面，所以由于研究者所站的角度不同，对可持续发展所作的定义也就不同。通常，可持续发展是既满足当代人的需求，又不对后代人满足其需求的能力构成危害的发展。它们是一个密不可分的系统，既要达到发展经济的目的，又要保护好人类赖以生存的大气、淡水、海洋、土地、森林等自然资源和环境，使子孙后代能够永续发展和安居乐业。可持续发展与环境保护既有联系又不等同。环境保护是可持续发展的重要方面。可持续发展的核心是发展，但要求在严格控制人口、提高人口素质和保护环境、资源永续利用的前提下实现经济和社会的发展。发展是可持续发展的前提，人是可持续发展的中心体，可持续长久的发展才是真正的发展，使子孙后代能够永续发展和安居乐业。

4.3.2 可持续发展的基本原则

对于任何一个国家来说，可持续发展都应当遵循以下三个基本伦理原则。

(1)公平性原则。可持续发展是一种机会、利益均等的发展。它既包括同代内区际的均衡发展，即一个地区的发展不应以损害其他地区的发展为代价；也包括代际间的均衡发展，即既满足当代人的需要，又不损害后代人的发展能力。该原则认为人类各代都处在同一生存空间，他们对这一空间中的自然资源和社会财富拥有同等享用权，他们应该拥有同等生存权。因此，可持续发展将消除贫困作为重要问题提了出来，要予以优先解决，要给各国、各地区的人、世世代代的人以平等的发展权。

(2)持续性原则。人类经济和社会的发展不能超越资源和环境的承载能力。即在满足需要的同时必须有限制因素，即发展的概念中包含着制约的因素；在"发展"的概念中还包含着制约因素，因此，在满足人类需要的过程中，必然有限制因素的存在。主要限制因素有人口数量、环境、资源，以及技术状况和社会组织对环境满足眼前及将来需要能力施加的限制。最主要的限制因素是人类赖以生存的物质基础——自然资源与环境。因此，持续性原则的核心是人类的经济和社会发展不能超越资源与环境的承载能力，从而真正将人类的当前利益与长远利益有机结合。

(3)共同性原则。各国可持续发展的模式虽然不同，但公平性原则和持续性原则是共同的。地球的整体性和相互依存性决定全球必须联合起来，认知我们的家园。

可持续发展是超越文化与历史的障碍来看待全球问题的。它所讨论的问题是关系到全人类的问题，所要达到的目标是全人类的共同目标。虽然国情不同，实现可持续发展的具体模式不可能是唯一的，但是无论富国还是贫国，公平性原则、持续性原则、共同性原则是共同的，各个国家要实现可持续发展都需要适当调整其国内和国际政策。只有全人类共同努力，才能实现可持续发展的总目标，从而将人类的局部利益与整体利益结合起来。

4.4　工程师的环境伦理责任

从工程与自然关系的层面讨论工程活动对自然的影响和产生环境伦理问题的必然性，由此提出衡量一个工程好坏的标准，应该以双标尺度，即同时考虑人和自然的利益，基于此建立起尊重自然的环境价值观念，依据此观念可以确立工程活动中的环境伦理原则。

本节重点在于理解尊重自然的环境价值观念和伦理原则的确立，难点在于认识环境价值观念和伦理原则的合理性。

环境工程是研究和从事防治环境污染及提高环境质量的科学技术，是人类为减少工业化生产过程和人类生活过程对环境的影响进行污染治理的工程手段，依托环境污染控制理论、技术、措施和政策，通过工程手段改善环境质量，保证人类的身体健康和生存及社会的可持续发展。环境工程活动中的伦理问题与其他工程类似，同样会面临公共安全、生产安全、社会公正、环境与生态安全问题、社会利益公正对待问题、工程管理制度的道义性，以及工程师的职业精神与科学态度问题。其中，最大的环境工程伦理问题是环境保护与经济发展的统一和对立问题。经济活动所造成的负面效应，其直接原因是环境的经济价值没有被计算到经济成本中，以及由此产生的环境经济观指导着人类的经济活动。环境污染纠纷主要有三种情况：一是政府责任型环境污染纠纷，二是企业责任型环境污染纠纷，三是混合责任型环境污染纠纷。以重金属污染为例，重金属进入环境后不能被分解和净化，受到重金属污染的土壤会随时间对重金属进行富集，进而导致农作物的重金属超标，影响使用安全，危害人体健康。农民为了生存可能只能选择使用受污染的农田种植农作物，如此便形成了一个恶性循环。重金属污染在事实认定、污染溯源、举证责任、责任分担等方面的难度非常大，涉及很多相关伦理问题。

从工程共同体的视角讨论各类成员在工程活动的不同环节中各自应承担的环境伦理责任。其中，最重要的是作为工程主体的工程师，他们是否运用环境伦理原则理性预测工程活动与环境保护之间可能存在的矛盾，以及是否遵循环境伦理规范从事具体工程实践的问题，将根本决定工程对环境造成的影响程度。本节的重点在于如何确定工程师的环境伦理责任，如何遵循工程活动中的环境伦理规范；难点在于如何运用环境伦理原则解决工程与环境之间的伦理冲突问题。

工程师的功利观既有为人类谋福利的"大我"功利动机，也有个人谋求生计、牟利发财的"小我"功利动机。相对于其他工程师及非环境工作者来说，环境工程师应该负有更加特殊和更加重要的环境伦理责任。为了阻止自然环境的进一步恶化，工程师需要扭转一味追求技术效率和最大产出的功利观，确立起自然环境的伦理地位，明确对自然环境的伦理责任。在环境工程设计阶段、建造和生产阶段、工程维护和保养阶段，工程师作为工程设计的主要承担者和执行者，均面临遵守职业规范和工程标准还是服从雇主或管理者命令及要求之间的冲突。无论是工程师还是管理者，都应"将公众的安全、健康和福祉置于首位"，并且仅以客观和诚实的方式对社会发表公开言论，同时，避免发生欺骗性的行为。

环境工程师大都受雇于政府部门或企业，是职业人的身份，无论工程师的技术能力有多强，相当程度上是服从领导的指令。环境工程师面临很多内部的职业问题，仅靠工程手段无法解决。在工程设计和操作过程中存在着很多两难困境。环境工程师应该在陈述和基于现有数据进行评估时，保持诚实和真实，必须诚实和公正地从事环境工程互动，环境工程师提供的服务必须诚实、公平、公正和平等，避免欺骗性的行为；应做到提供准确、完整的信息，且所提供的信息要能够被理解，在没有外部控制和影响下作出同意的决定。在实际工程中，工程师的不诚实行为不仅包括篡改数据、伪造数据、修饰拼凑、抄袭剽窃等行为，还包含有意不传达听众所合理期望的不被省略的信息。

2020年的一项新研究表明，土壤等自然环境中残存数十年的人造化学污染物，一旦进入孕妇体内，哪怕含量极低也会影响胎儿的生长发育。这些污染物主要包括杀虫剂滴滴涕（DDT）、多氯联苯（PCB）、有机氯农药和阻燃添加剂等。美国国家儿童健康与人类发展研究所等机构的研究人员在《美国医学会杂志·小儿科》期刊上发表文章，说他们检测了美国2 284名孕妇的血样，并用B超监测了她们体内胎儿的生长发育情况。这些女性都在怀孕的头三个月参与研究。研究人员发现，孕妇血液中污染物的含量会影响胎儿生长发育的速度。例如，与体内多氯联苯含量排列在后25%的孕妇相比，含量排列在前25%的孕妇体内的胎儿平均头围会小6.5毫米。与体内有机氯农药含量排列在后25%的孕妇相比，含量排列在前25%的孕妇体内的胎儿头围小4.7毫米。但研究人员目前并不清楚胎儿在子宫中的发育速度较慢对出生后生长发育的影响。研究人员指出，尽管研究中的大多数污染物已被禁用，有些甚至被禁了几十年，例如，作为润滑油及多种工业产品添加剂的多氯联苯，自20世纪70年代就陆续在各国禁用，但这些人造化合物残留于环境中很难自然降解，人们通过饮食和饮水接触到这些污染物，它们对人体依然存在影响。

2023年4月24日，中国之声报道湖北省十堰市泗河沿岸存在企业通过暗管偷排黑臭污水、灰白泥浆明渠入河的问题。十堰市委、市政府回应称，对涉事企业开展调查处理。工程师需要确立起自然环境的伦理地位，明确对自然环境的伦理责任。作为工程主体的工程师应如何运用环境伦理原则处理工程与环境之间的冲突？相对于其他工程师及非环境工作者来说，环境工程师应该负有更加特殊和更加重要的环境伦理责任。无论是工程师还是管理者都应"将公众的安全、健康和福祉置于首位"。

4.5　工程师的环境伦理规范

工程师的环境伦理规范是指在进行工程设计、施工和验收等活动中，需要遵守的道德准则和行为规范。这些规范要求工程师在考虑人类利益的同时，也要关注自然环境的保护和生态平衡的维护。工程师环境伦理规范的主要内容包括以下几项。

(1)尊重自然。工程师应该尊重自然环境，认识到自然环境的价值和生态平衡的重要性。在工程过程中，应该尽可能减少对自然环境的破坏和污染，并应采取必要的措施进行环境保护。

(2)节约资源。工程师应尽可能地节约资源和能源，减少浪费和污染。在工程设计和施工过程中，应采用节能、环保的技术和设备，提高资源的利用效率。

(3)生态平衡。工程师应采取必要的措施维护生态平衡，防止生态环境的破坏。在工程过程中，应尽可能减少对生态环境的干扰和破坏，并采取相应的措施进行生态补偿。

(4)安全环保。工程师应确保工程的安全性和环保性。在工程设计和施工过程中，应遵循国家和地方的相关法律法规及标准，确保工程的安全和环保要求。

(5)公众参与。工程师应积极促进公众参与环境保护和生态保护活动。在工程过程中，应积极与当地居民和社会各界进行沟通与协商，听取他们的意见和建议，并应采取必要的措施进行环境保护和生态保护。

总之，工程师的环境伦理规范要求工程师在进行工程设计和施工过程中，要遵守职业操守和道德准则，尊重自然、节约资源、维护生态平衡、保障安全环保、促进公众参与等方面的规范和要求，以实现可持续发展目标。

 案例分析及思考

案例1：大海在哭泣：墨西哥湾 BP 公司海上钻井平台井喷着火爆炸事故案例[①]

一、事故基本情况

2010 年 4 月 20 日 22：00 左右，美国 BP 公司位于墨西哥湾、距离陆地 77 千米、作

---

① 案例来源：国际能源网，https://www.in—en.com/ 墨西哥湾漏油事件.

业水深 1 524 米的"深水地平线(Deepwater Horizon)"钻井平台 Missssippi Canyon 252 号-01 井发生井喷爆炸着火事故,造成 11 人在事故中死亡。本次井喷爆炸着火事故是美国最近 50 年来所发生的最严重的海上钻井事故。爆炸发生后的黑烟高达数百余米。4 月 22 日,钻井平台在燃烧了 36 个小时后,沉入了墨西哥湾。之后,每天有 5 000 桶原油源源不断地流入墨西哥湾,造成大面积海洋环境污染(图 4-1、图 4-2)。

 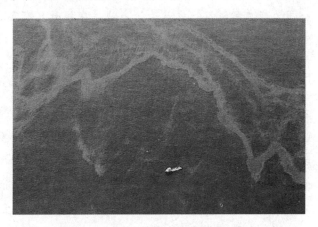

图 4-1 钻井平台爆炸沉没   图 4-2 被泄漏的原油油膜覆盖的墨西哥湾

二、事故原因的伦理分析

1. 技术层面的伦理分析

(1)片面追求利润,忽视产品质量。固井质量不合格是造成井喷的一个间接原因。该井曾发生过循环漏失,为了防止在固井中漏失,该井采用了充氮气低密度水泥浆。该水泥浆体系获得固井成功的难度很大,故有可能该井的固井质量存在问题。同时,8.5 寸井眼内的小间隙固井也使固井质量难以保证,导致下部高压油气的侵入。而且,水泥返高存在缺陷可能也是引发事故的一个间接原因。根据该井的井身结构图,完井套管固井水泥浆没有上返至上层技术套管内,完井套管固井水泥浆返高与上层技术套管之间存在裸眼段,为本井的井喷事故埋下了隐患。

(2)安全意识欠缺,违规操作。固井后,没有按要求检测固井质量,违章进行下部作业,是造成井喷的另一个间接原因。事后调查显示,该井在发生事故前,有斯伦贝谢公司测井人员在平台待命,但是 BP 公司通知他们该井不用测井,他们就提前离开了平台。

2. 管理层面的伦理分析

(1)责任意识缺乏,未及时发现溢流。从现场录像资料来看,该井在替水过程中,20:10 泥浆罐的液量急剧增加,到 20:35 已增加了 500 多桶,但现场无人及时发现溢流,错误地继续进行循环,没有及时采取应对措施。直到天然气到井口后才停泵观察、关井,错失了关井的正确时机。有报道称,井架工曾对司钻说钻井液溢出太多了,但随即就发生了强烈井喷，油气弥漫平台，发生了爆炸。而且，管理人员麻痹大意，缺岗也是造成事故的一个管理原因。2010年是该平台连续7年无事故，BP公司高层人员20日在平台上开派对，进行庆祝。此时只有部分人员在岗，有可能管理人员缺岗，对现场生产过程失去了有效监控，导致了事故的发生。

（2）急功近利，操作程序不当。此井钻井工程进度比原计划推后了大约6周时间，BP公司为赶工程进度，也是为了省钱，在候凝只有16.5小时后，过早下令Transocean用海水替换隔水管中的泥浆，导致井内液注压力不足以平衡地层压力，从而引发地层液体涌入井筒。有幸存者称，在爆炸前11小时的一次设计会议上，BP公司的管理人员和Transocean的管理人员就接下来是否用海水替换隔水管中的泥浆发生争执，前者称自己才是老板，后者被迫妥协了。

（3）监管不力，忽视常规检查。据美联社报道，钻井平台爆炸之前，美国联邦矿产管理局未能按时履行每月至少检查一次的正常检查制度。美国联邦矿产管理局放宽了对日常作业条件、钻井平台重要安全设施的检查要求，很多措施完全由英国石油公司自行决定，过去几年中，钻井平台防喷器失灵事件时有发生。

三、事故对海洋生态的影响

此次事故是美国水域有史以来最大的漏油事件，也是人类历史上最严重的人为生态灾难之一。美国前总统奥巴马曾经将此灾难比作环保界的"9·11"事件。爆炸向墨西哥湾释放了1.3亿加仑原油，在海面形成厚厚的油膜，虽然BP公司在事故发生后快速在休斯敦设立了一个大型事故指挥中心，从160家石油公司调集了500人参与其中，成立联络处、信息发布与宣传报道组、油污清理组、井喷事故处理组、专家技术组等相关机构，并与美国当地政府积极配合，寻求支援，动员各方力量、采取各种措施清理油污，力图将危害降到最低，但是事故仍然对墨西哥湾沿岸生态环境造成了"灭顶之灾"，污染导致墨西哥湾沿岸约1 600千米长的湿地和海滩被毁，渔业受损，稀缺的物种灭绝。这种污染至今仍在持续。在受污染海域的656类物种中，如今已造成大约28万只海鸟、数千只海獭、斑海豹、白头海雕等动物死亡，将有10种动物面临生存威胁、3种珍稀动物面临灭顶之灾。而且，由于油污清理耗时长达10年之久，墨西哥湾已成为一片废海，严重影响了沿岸地区渔业产业发展。

墨西哥湾井喷事件的发生，为人类敲响了保护海洋环境的警钟。

思考题

对海洋、太空等非地面工程的环保建设问题，你怎么看？联系本章所学内容与案例分析方法，谈谈你对工程实践中呈现的伦理问题的理解和认识。

案例2：绿色工程，见证中波合作互利共赢
——中企参与建设波兰首条绕城高速公路①

2023年7月，由中国电力建设集团（以下简称"中国电建"）参与建设的波兰罗兹市绕城高速公路S14项目提前竣工通车。罗兹成为波兰首座拥有完整绕城高速公路的城市。

罗兹是中波共建"一带一路"重要节点城市，绕城高速公路的通车进一步提高了中欧班列向波罗的海三国和西欧、南欧的货物运输分送效率。中国企业的精细设计和建设，得到波兰社会各界赞赏，为两国高质量共建"一带一路"合作铺就更广阔的道路。

"罗兹成为波兰首座拥有绕城高速的城市，我们非常自豪"

走进中国电建项目办公室，墙上一幅由4张1.5米长的工程绘图纸合成的公路全貌设计图异常醒目。图纸上详细标注着每处工程施工的细节，其中橙色的桥梁符号代表动物通行涵洞或桥梁，字母是由波兰语缩写的桥梁结构说明。

"我刚来的时候跟你们一样提了各种问题，后来就反反复复背这些专业术语，背了好几天呢。"S14高速公路项目中方经理秦勇指着建设图纸，向记者一一解释各种缩写词的含义。按波方要求，所有外方企业在波兰施工的图纸说明，都需和政府招投标文件里的说明保持一致。项目团队邀请了当地经验丰富、具有国际视野的工程师，以高标准推进建设。

作为中欧班列在欧洲的重要节点城市，罗兹是波兰政府着力打造的物流枢纽。近年来，随着共建"一带一路"的不断深入，不少物流企业和贸易公司纷纷落户罗兹，罗兹急需提升与周边地区及其他欧洲国家的互联互通水平。作为10年来中国企业首次在波兰获签的公路建设项目，S14高速公路项目从建设伊始就受到波兰各界广泛关注。

达留什·卡绍斯基是S14高速公路项目波方经理，也是一位深耕基建行业27年的资深工程师。"2020年，朋友推荐我来S14高速公路项目工作，当时我对中国企业还了解甚少。在与几位中方管理人员深入交流后，我决定加入这个项目。多年的工作经验告诉我，这是一个理念国际化、管理规范化的项目团队，值得信赖！"卡绍斯基回忆。

总长为16.3千米，21座桥梁，多处基建点位交叉作业，施工作业时间仅15个月……高效作业的背后是中波双方的精诚合作。在通车仪式上，波兰基础设施部部长安杰伊·阿达姆契克评价道："S14高速公路极大地方便了当地居民的交通出行，进一步巩固了罗兹作为波兰交通物流枢纽的地位，对于罗兹及波兰未来经济发展都具有重要意义。"测量工程师赛韦斯特·戈拉兹多夫斯基说，这几年他见识了中国企业在基建领域的科技水平，也看到了中国建设者吃苦耐劳、用心钻研的精神，正因如此，项目建设在新冠病毒感染疫情防控期间也能顺利推进。"通车后，波兰各方都对这条路很满意。罗兹成为波兰首座拥有绕城高速的城市，我们非常自豪。"

---

① 刘仲华，颜欢，李增伟. 绿色工程，见证中波合作互利共赢[N]. 人民日报，2023-10-9(03).

"让鸟儿不会失去家园，项目建设始终贯彻绿色发展理念"

S14高速公路沿线，成片的欧洲赤松林展现出当地良好的自然环境。在这里，开展基建项目不仅要定期向监管部门提交工程质量的实验室检测数据，还须聘请环境监督团队定期发布报告，如何做好区域内的动物保护更是项目施工的"必修课"。

早在项目动工前，中方团队就邀请环保专家沿着设计路线开展环境调查。"动物有自己习惯的出行路线，我们要格外注意，"秦勇指着图纸上几处供动物通行的桥梁和涵洞标识说，"在这几处区域布设建造桥梁，是经过科学论证后作出的决定。"

在桥梁两端，项目部放置了部分障碍物，以免车辆误入动物通道，影响动物穿行；桥梁正中心开辟了一条横向贯穿的土路，是为了观测动物往来足迹。

另一处与铁路垂直交叉的路段，项目部与当地环境和工程部门在施工前进行了细致调研，对原设计中跨铁路的方案进行了优化，改为下穿铁路，减少了噪声和工程本身对沿线自然景观的影响；原有的铁路线和动物通行桥梁相结合，让喜欢沿着铁轨"散步"的野生动物能继续自由活动。这样既节约了填埋材料，又提升了实用性和设计美感，实现了人与自然的和谐共处。

安全工程师雅罗斯瓦夫·维卡说，这样的用心设计在施工过程中还有很多：遇到珍贵的树种和树龄较长的树木，就用木板环绕以保护树干；必要的树木砍伐必须等到冬歇期，尽量将对鸟类的影响降到最低；在动物桥梁两侧安装防眩板，防止车灯影响动物视线……

"让野生动物继续自由自在地在道路两侧的森林里生活，让鸟儿不会失去家园，项目建设始终贯彻绿色发展理念，这也是高质量共建'一带一路'的应有之义。"秦勇说。

"改善了社区居民生活条件，为地方发展创造更多机遇"

由于绕城高速公路靠近城区，沿路居民区密集，公路建设需要与城市基建设施合理布局，要做的工作必须更加细致。

卡绍斯基举例说："为了不影响周边居民的正常生活，高压新建迁改工程必须提前一年申请断电窗口，并在规定日期内快速完成迁移"。"从浇筑和预埋所有线塔基础，到数十米高的钢制线塔拼装，再到高压线架设，我们的工作时间十分有限。在施工过程中，项目附近必须按既有道路等级修建辅路以保证交通畅通，遇到雨雪天气还需要及时铺撒防滑材料等。"

项目建设期间，施工人员本地化率高达90%，带动了当地就业与配套产业发展。戈拉兹多夫斯基自豪地说："项目在改善本地基础设施、提高罗兹物流枢纽地位的同时，也改善了社区居民生活条件，为地方发展创造了更多机遇。"

项目团队积极履行社会责任。在雨雪季节，中方团队发现项目附近的一家敬老院道路老化，积水严重，便主动向社区提出维修道路，以方便老人出行。中方员工还参与了当地组织的"培养工程师从娃娃抓起"等主题活动，加强了彼此的了解与感情。

看到高速公路顺利通车，从小在罗兹长大的波兰工程师马克高兴地说："中国企业为我的家乡带来了发展变化。我非常喜欢与中国同事一起工作，良好的工作环境和待遇让我收获很多。希望中波两国开展更多务实合作，造福两国人民。"

思考题

联系本章所学内容与案例分析方法，谈谈该工程是如何体现绿色工程理念的。

 拓展资料

[1][法]阿尔贝特·史怀泽. 敬畏生命[M]. 陈泽环，译. 上海：上海社会科学院出版社，1996.

[2]雷毅. 河流的价值与伦理[M]. 郑州：黄河水利出版社，2007.

[3]雷毅. 深层生态学思想研究[M]. 北京：清华大学出版社，2001.

[4]杨先艺，朱河. 中国节约型社会的造物设计伦理思想研究[M]. 武汉：武汉理工大学出版社，2021.

[5][美]霍尔姆斯·罗尔斯顿. 环境伦理学：大自然的价值及人对大自然的义务[M]. 杨通进，译. 北京：中国社会科学出版社，2000.

[6][美]维西林，冈恩. 工程、伦理与环境[M]. 吴晓东，翁端，译. 北京：清华大学出版社，2002.

第5章 工程师的职业伦理

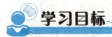 学习目标

学生应了解、掌握工程职业的地位、性质与作用，并加强对工程职业伦理标准的认识，对工程师职业伦理规范有整体性认识，能清楚理解工程师在职业活动中的权利与责任，准确认知工程职业活动中的主要伦理问题，并初步具备分析具体工程伦理问题的能力。培养学生的工程职业精神，使学生初步具有面对较为复杂的工程伦理困境时的伦理意志力和解决问题的方案与能力。

学习要点

◎ 职业良心与职业道德

◎ 工程职业的伦理标准

◎ 工程师的职业伦理规范

素质提升

◎ 职业道德与职业美德

◎ 权利与责任

◎ 共建"一带一路"倡议

◎ 人类命运共同体

案例导入

虚假检测：湖南长沙"4·29"特别重大居民自建房倒塌事故调查报告[①]

2022 年 4 月 29 日 12 时 24 分，湖南省长沙市望城区金山桥街道金坪社区盘树湾组发生一起特别重大居民自建房倒塌事故，造成 54 人死亡、9 人受伤，直接经济损失

---

① 案例来源：新华网，http://www.xinhuanet.com/yingjijiuyuan/2023-05/21/c_1212190187.htm。

9 077.86万元。5月3日，对吴某勇、龙某恺、薛某棕、任某生4人以涉嫌重大责任事故罪依法批准逮捕；对湖南湘大工程检测有限公司总经理谭某，技术人员宁某、龚某、汤某、刘某5人以涉嫌提供虚假证明文件罪依法批准逮捕。

经国务院事故调查组调查认定，湖南长沙"4·29"特别重大居民自建房倒塌事故是一起因房主违法违规建设、加层扩建和用于出租经营，地方党委政府及其有关部门组织开展违法建筑整治、风险隐患排查治理不认真、不负责，有的甚至推卸责任、放任不管，造成重大安全隐患长期未得到整治而导致的特别重大生产安全责任事故。

事故直接原因

通过对事故现场进行勘查、取样、实测，并委托第三方权威检测机构进行检测试验、倒塌模拟计算分析，认定事故的直接原因：违法违规建设的原五层（局部六层，下同）房屋建筑质量差、结构不合理、稳定性差、承载能力低；违法违规加层扩建至八层（局部九层，下同）后，载荷大幅增加，致使二层东侧柱和墙超出极限承载力，出现受压破坏并持续发展，最终造成房屋整体倒塌。事发前，在出现明显倒塌征兆的情况下，房主拒不听从劝告，未采取紧急避险疏散措施，是导致人员伤亡多的重要原因。具体情况如下。

(1)违法违规建设的原五层房屋质量先天不足。2003年，房主在分得的安置重建地上建设了一栋三层房屋。2012年7月，原址拆除三层并重建五层，属于限额以上工程，但涉事房主在未履行任何审批手续、未取得任何许可的情况下，请建筑公司退休工人龙某恺手绘设计图，房主自行采购建筑材料，由无资质的流动施工队人员任某生组织施工。房屋部分采用自拌混凝土，砂石含泥量大、强度低，其中二层东侧3根柱的混凝土最低抗压强度仅为4.3兆帕(远低于当时国家标准)；一层、二层墙体砌筑砂浆抗压强度仅为0.4兆帕(远低于当时国家标准)；房屋采用砌体结构，一层为实体墙，二层至五层墙体违规采用空斗墙，承载能力低。

(2)违法违规加层扩建至八层后超出极限承载力。2018年7月，房主在未履行基本建设程序的情况下，再次由龙某恺手绘设计图，自行采购建筑材料，由无资质的流动施工队人员薛某棕组织施工，加层扩建六层至八层。该三层采用框架结构，柱、梁、板均为现浇钢筋混凝土，加上新增墙体等结构构件形成的总载荷比加层扩建前增加46%，加剧了"头重脚轻"的状态，下部楼层柱载荷显著增大，其中二层东侧柱最大增加71%，超出其极限承载力18%。同时，房屋结构体系混乱，整体稳定性差，部分柱的布置上下错位，一层和二层采用单跨、大空间结构布置形式，东西横墙少；三层至八层被隔成多个小房间，东西横墙多；二层成为结构上的薄弱层，最易受破坏，抗倒塌能力弱。

(3)对重大安全隐患未有效处理。2019年7月，二楼东墙混凝土柱出现网状裂缝、最长0.6米，房主在龙某恺的建议下，自购2根槽钢进行支顶加固，但并没有彻底消除安全隐患。2022年3月，又相继出现支顶槽钢变形、墙面瓷砖脱落、支顶槽钢变形加剧，房主均未作处理。4月12日，湖南湘大工程检测有限公司受涉事房屋内的旅馆经营者委托，未带任何检测仪器，仅拍照即完成所谓的"检测"，13 日为旅馆出具了虚假的安全性鉴定报告，等级评定结论为 Bsu 级、"可按现状作为旅馆用途正常使用""结构安全"。4 月 22 日，经营户告知房主支顶槽钢变形加重，与墙面最大间隙约为 15 毫米，但仍未采取任何措施，直至事故发生。

2022 年 4 月 12 日，包括涉事房屋在内的 31 户家庭旅馆为恢复营业，以一户 700 元的价格（涉事房屋正常费用约为 1.2 万元左右），委托湖南湘大工程检测有限公司开展房屋安全鉴定。该公司两人到现场，一人在楼下收钱，另一人仅带相机上楼拍照，8 个小时就完成 31 户所谓的"现场检测"，并通过复制粘贴、编造数据、冒名签字，形成"合格"报告。就是这样批发式低价揽活、赤裸裸造假的公司，一路绿灯取得合法资质。2020 年 8 月和 2021 年 8 月，湖南省市场监管局及下属原质量评审中心在两次组织对湖南湘大工程检测有限公司资质证书评审、变更增项过程中，相关工作人员和专家收取好处，使这样一家人员虚构、资格挂证、设施不全的检测机构，获得了《检验检测机构资质认定证书》；湖南省住房和城乡建设厅对湖南湘大工程检测有限公司通过中间人提交的虚假申报材料审核把关不严，违规颁发《建设工程质量检测机构资质证书》，事后也未进行过监管；长沙市望城区住建部门未按照《长沙市房屋安全管理条例》等规定对房屋安全鉴定活动进行过监管，三级市场监管部门事中、事后监管也不到位。经调查认定，湖南湘大工程检测有限公司成立以来出具的 79 份检测鉴定报告全部造假。

（4）未采取紧急避险疏散措施。在事发前 2 个多小时，二层支顶槽钢弯曲变形加剧，达到 50 毫米左右，出现倒塌征兆，特别是事发前 30 多分钟龙某恺应房主要求现场查看后提出"房子危险不能住人了"，房主提出还继续加固，未组织撤离房屋内就餐、居住等人员；事发前 5 分钟，面临重大倒塌风险，有人大喊"赶快走，楼房要塌了！"但房主吴某生还说"没事"，拒不听从劝告，仍未立即通知撤离，错失了屋内人员逃生、避免重大人员伤亡的最后时机。

交流互动

湖南湘大工程检测有限公司违反《检验检测机构资质认定管理办法》第九条、《建设工程质量检测管理办法》第四条的有关规定，在仅有 1 名专业技术人员的情况下，使用 3 人资格证书非法"挂证"，通过不正当手段，取得《检验检测机构资质认定证书》《建设工程质量检测机构资质证书》。对涉事房屋现场检测造假，没有按照《民用建筑可靠性鉴定标准》（GB 50292—2015）等规定开展鉴定活动，没有使用任何设备和仪器，对标准规定的房屋结构体系、地基基础、材料性能和承重结构等 26 个检测项目进行检测。没有进行结构安全验算，用该公司原有模板数据，编造检测结果和虚假报告；报告审核、批准等文书签字，均通过使用挂证人员电子签名形式造假。

作为一名准工程师，你对湖南湘大工程检测有限公司相关技术人员编造检测结果和虚假报告这一事件怎么看？你认为造成这起事故的根本症结在哪里？

5.1　职业与职业兴趣

从人类社会的发展史来看，人类的职业生活显然是一个历史的范畴。职业是伴随着生产力的发展，特别是社会分工的出现而出现的。人要维持自身的生存和满足发展的需要，必须首先获得物质生活资料，而从事某种职业便成为获得这一物质资料的基本途径。从这个意义上讲，职业就是人们由于社会分工和生产内部的劳动分工，利用专业的知识和技能，长期从事那些具有专门业务和特定职责，并以此作为主要生活来源和满足精神需求的社会活动。社会分工是职业分类的依据。在分工体系的每个环节上，劳动对象、劳动工具及劳动的支出形式都各有特殊性，这种特殊性决定了各种职业之间的区别。世界各国国情不同，其划分职业的标准有所区别。近年来，我国人力资源和社会保障部会同国务院有关部门对《国家职业资格目录》进行优化调整，形成了《国家职业资格目录（2021 年版）》[①]。

工程领域中的职业往往是指那些涉及高深的专业知识、自我管理和对公共善予以协调服务的工作形式。职业把社会中的人们以"集团"或"群体"的形式联系起来，而这个职业"群体"从一开始就是有一定目标或一定意图并承担一定的社会职能。从这个意义上说，职业是社会组织的一种形式。

（1）职业具有社会属性。职业是人类在劳动过程中的分工现象，它体现的是劳动力与劳动资料之间的结合关系，也体现出劳动者之间的关系。劳动产品的交换体现的是不同职业之间的劳动交换关系。这种劳动过程中结成的人与人的关系无疑是社会性的，他们之间的劳动交换反映的是不同职业之间的等价关系，这反映了职业活动职业劳动成果的社会属性。

（2）职业具有规范性。职业的规范性应该包含两层含义：一是指职业内部的规范操作要求性；二是指职业道德的规范性。不同的职业在其劳动过程中都有一定的操作规范性，这是保证职业活动的专业性要求。当不同职业在对外展现其服务时，还存在一个伦理范畴的规范性，即职业道德。这两层含义构成了职业规范的内涵与外延。

（3）职业具有功利性。职业的功利性也称为职业的经济性，是指职业作为人们赖以谋生的劳动过程中所具有的逐利性一面。职业活动中既满足职业者自己的需要，同时，也

---

① 《国家职业资格目录（2021 年版）》具体内容见附件 3。

满足社会的需要，只有把职业的个人功利性与社会功利性相结合，职业活动及其职业生涯才具有生命力和意义。

（4）职业的技术性和时代性。职业的技术性是指不同的职业具有不同的技术要求，每种职业往往都表现出一定的技术要求。职业的时代性是指职业由于科学技术的变化，人们生活方式、习惯等因素的变化导致职业打上那个时代的"烙印"。

5.1.2 职业兴趣

职业兴趣是一个人对待工作的态度，对工作的适应能力，表现为有从事相关工作的愿望和兴趣，拥有职业兴趣将增加个人的工作满意度、职业稳定性和职业成就感。根据颇具权威的霍兰德职业兴趣分类方法，可将职业兴趣分为六种类型，即常规型、艺术型、实践型、研究型、社会型和管理型。职业兴趣是以一定的素质为前提，在生涯实践过程中逐渐发生和发展起来的。它的形成与个人的个性、自身能力、实践活动、客观环境和所处的历史条件有着密切的关系，因此，职业规划对兴趣的探讨不能孤立进行，应当结合个人的、家庭的、社会的因素来考虑。了解这些因素，有利于深入认识自己，进行职业规划。

（1）个人需要和个性。无论人的兴趣是什么，都是以需要为前提和基础的，人们需要什么，就会对什么产生兴趣。因为人们的需要包括生理需要和社会需要，或物质需要和精神需要，所以人的兴趣也同样表现在这两个方面。一般来说，人的生理需要或物质需要是暂时的，容易满足。例如，人对某一种食物、衣服感兴趣，吃饱了、穿上了也就满足了；而人的社会需要或精神需要却是持久的、稳定的、不断增长的，如人际交往、对文学和艺术的兴趣、对社会生活的参与则是长期的、终生的，并且不断追求的。兴趣是在需要的基础上产生的，也是在需要的基础上发展的。有的人兴趣和爱好的品位比较高，有的人兴趣和爱好的品位比较低，兴趣和爱好品位的高低会受一个人的个性特征优劣的影响。例如，一个人个性品质高雅，会对公益活动感兴趣，乐于助人，对高雅的音乐、美术有兴趣；反之，一个人个性低级，会对占小便宜感兴趣，对低级、庸俗的文艺作品有兴趣。

（2）个人认识和情感。兴趣不足是与个人的认识和情感密切联系着的。如果一个人对某项事物没有认识，也就不会产生情感，因而也就不会对它发生兴趣。同样，如果一个人缺乏某种职业知识，或者根本不了解这种职业，那么就不可能对这种职业感兴趣，在职业规划时想不到。相反，认识越深刻，情感越丰富，兴趣也就越深厚。例如，有的人对集邮很入迷，认为集邮既有收藏价值，又有观赏价值，它既能丰富知识，又能陶冶情操，而且收藏得越多，越丰富，就越投入，越情感专注，越有兴趣，于是就会发展成为一种爱好，并有可能成为其职业生涯。

（3）家庭环境。家庭作为最基本的社会单元，对每个人的心理发展都产生重要的影响，因此，个人职业心理发展具有很强的社会化特征，家庭环境的熏陶对其职业兴趣的形成具有十分明显的导向作用。大多数人从幼年起就在家庭的环境中感受其父母的职业活动，随着年龄的增长，逐步形成自己对职业价值的认识，使个人在选择职业时，不可避免地带有家庭教育的印迹。家庭因素对职业取向的影响，主要体现在择业趋同性与协商性等方面。一般情况下，个人对于家庭成员特别是长辈的职业比较熟悉，在职业规划和职业选择上产生一定的趋同性影响，同时，受家庭群体职业活动的影响，个人的生涯决策或多或少产生于家庭成员共同协商的基础上。兴趣有时也受遗传的影响，父母的兴趣也会对孩子有直接的影响。

（4）受教育程度。个人自身接受教育的程度是影响其职业兴趣的重要因素。任何一种社会职业从客观上对从业人员都有知识与技能等方面的要求，而个人的知识与技能水平的高低在很大程度上取决于其受教育的程度。一般意义上，个人学历层次越高，接受职业培训范围越广，其职业取向领域就越宽。

（5）社会因素。一方面，社会舆论对个人职业兴趣的影响主要体现在政府政策导向、传统文化、社会时尚等方面。政府就业政策的宣传是主导的影响因素，传统的就业观念和就业模式也往往制约个人的职业选择，而社会时尚职业则始终是个人特别是青年人追求的目标。如当前计算机技术和旅游事业都得到较大发展，对这两个职业有兴趣的人也增加得很快。另一方面，兴趣和爱好是受社会性制约的，不同的环境、不同的职业、不同的文化层次的人，兴趣和爱好都不同。

（6）职业需求。职业需求是一定时期内用人单位可提供的不同职业岗位对从业人员的总需求量，它是影响个人职业兴趣的客观因素。职业需求越多、类别越广，个人选择职业的余地就越大。职业需求对个人的职业兴趣具有一定的导向性，在一定条件下，它可强化个人的职业选择，或抑制个人不切实际的职业取向，也可引导个人产生新的职业取向。最后，年龄的变化和时代的变化也会对人的兴趣产生直接影响。就年龄方面来说，少儿时期往往对图画、歌舞感兴趣，青年时期对文学、艺术感兴趣，成年时期往往对某种职业、某种工作感兴趣。它反映了一个人兴趣的中心随着年龄的增长、知识的积累在转移。就时代来讲，不同的时代、不同的物质和文化条件也会对人兴趣的变化产生很大的影响。

5.2　工程师的职业认同感及因素

5.2.1　职业认同感

职业认同感是指一个人从心底接受一份职业，并对该职业的各个方面作出积极的感知和正面的评价，从而愿意长期从事该项职业的主观心理感受。职业认同度的高低直接影响个体的职业发展，也影响个体的职业理想和职业动力。

作为一个心理学概念，职业认同感（Professional self-identity）是指个体对于所从事职业的目标、社会价值及其他因素的看法，与社会对该职业的评价及期望的一致，即个人对他人或群体的有关职业方面的看法、认识完全赞同或认可。职业认同感一般是在长期从事某种职业活动过程中，对该职业活动的性质、内容，职业社会价值和个人意义，甚至对职业用语、工作方法、职业习惯与职业环境等都极为熟悉和认可的情况下形成的。职业认同感会影响员工的忠诚度、向上力、成就感和事业心。职业认同感是人们努力做好本职工作，达成组织目标的心理基础。随着职业的发展及对职业研究的深入，职业认同感的概念也越来越朝着社会化、多元化、人性化的持续状态发展，而不再仅仅局限于心理角度。

职业认同感是人们职源性心理健康问题的重要来源，也是人们获得和拥有积极心理健康状态的重要保障。有调查发现，职业认同感与个人生命意义的相关高达 0.61，职业认同感对生命意义有显著的预测作用，联合解释生命意义 44.1% 的变异量，说明职业认同感与个体的生命意义关系紧密，是其获得生命意义的重要源泉，人们可以从职业认同感的这些方面来改善其生命意义，预防自杀，维护其心理健康。还有调查发现，职业认同感与自我肯定呈显著正相关，与忧郁、焦虑呈显著负相关，拥有高职业认同感的大学生具有较好的学业满意度和总体生活满意度及较少的未来担忧。

5.2.2 影响因素分析

职业认同对组织和个体都有重要的影响及作用，那么个人的职业认同感是怎样形成的呢？有哪些因素在其中起关键作用呢？

（1）个人因素。随着年龄的增长，人们对职业选择的思考便越发深入，职业认同也逐渐提升。另外，自我效能感调节人的兴趣、目标、行为，影响人们对职业生涯的探索。在探索过程中，个人应对风格也十分重要，越是积极主动进行自我成长，越愿意更多了解自己，并进行职业知识储备。例如，获得行业内的职业技能等级证书，对个体而言，不仅是一种能力上的认可，更是个体职业认同感的重要来源。

（2）家庭因素。职业认同的家庭影响因素主要有家庭关系、家庭氛围两个方面。在家庭关系类型中，"表达型"鼓励孩子对职业等话题进行公开沟通讨论，有助于从其他家庭成员处获取经验，形成清晰的职业目标。良好的家庭氛围给予人支持感和反馈，另有研究证明：允许孩子自选大学专业的家庭和高收入家庭有助于职业认同的发展。

（3）社会因素。人际关系与个体归属与爱的需要相互关联，职场上和谐的人际关系有助于职业认同提高。职业本身的属性也会对职业认同感产生影响。职业社会地位、社会的理解和认同，都是支持人们积极工作下去的动力。社会尊重的需要被满足，认同感也会随之提升。2024 年 1 月 19 日，"国家工程师奖"首次评选表彰大会在北京召开。81 名个人及 50 个团队接受党和国家在工程领域的最高规格褒奖。习近平总书记强调，面向未来，要进一步加大工程技术人才自主培养力度，不断提高工程师的社会地位，为他们成才建功创造条件，营造见贤思齐、埋头苦干、攻坚克难、创新争先的浓厚氛围，加快建规模宏大的卓越工程师队伍。

5.3 职业道德与职业伦理

5.3.1 职业道德

《论语·子张》记载："百工居肆以成其事，君子学以致其道。"意思是说各行业的工匠是在作坊里完成自己分类的工作，君子则以求道为其志业。这已经包含了职业道德的内容。恩格斯也指出，在社会生活中，"每一个阶级，甚至每一个行业，都各有各的道德"[①]。因为阶级不同、职业不同，职业道德的特殊规定性显而易见。所谓"职业道德"，就是同人们的职业活动紧密联系的，具有自身职业特征的道德准则、规范的总和。从事某种特定职业的人们，因为有着共同的劳动方式，经受着共同的职业训练，所以往往具有共同的职业兴趣、爱好、习惯和心里传统，结成某些特殊关系，形成特殊的职业关系，从而产生特殊的行为模式和道德要求。

如前所述，职业道德的产生以社会分工为基本前提。一般认为，职业道德的真正形成是在奴隶社会，而只有进入了资本主义历史时期后，职业道德才获得了充分的发展。因为工业革命的发生，资本主义进入了机器大工业的发展时期，逐步实现了资本主义工业化。从社会分工越来越细的角度看，资本主义造成空前的生产力的社会劳动，表现为广泛的社会职业活动。在人和人的道德关系中，不但保持了工业、农业、商业、教师、医生、军人等古来传统职业及其职业道德规范，而且出现了许多新的职业道德规范，如律师、工程师、新闻记者等新的职业，并形成了一系列新的职业道德规范。

职业道德的主要特征可以从内容、形式、调节范围和功效四个方面来综合理解。

(1)从职业道德的内容上看，职业道德总是要鲜明地表达职业义务和职业责任，以及职业行为上的道德准则。

(2)从职业道德的形式上看，职业道德的行为准则的表达形式一般比较具体、灵活和多样。

---

① 中共中央马克思恩格斯列宁斯大林著作编译局. 马克思恩格斯选集(第四卷)[M]. 北京：人民出版社，2012.

（3）从职业道德的调节范围上看，职业道德主要是用来约束从事本职业的人员，一个是从事同一职业人们的内部关系，一个是从业人员与其所接触、服务的对象之间的关系。

（4）从职业道德的功效上看，职业道德一方面使一定社会阶级的道德原则和规范"职业化"，另一方面又能使个人道德品质成熟化。

在我国，职业道德大体上包括以下基本因素，即职业理想、职业态度（劳动态度）、职业责任、职业技能、职业纪律、职业良心、职业荣誉和职业作风。《新时代公民道德建设实施纲要》提出要"推动践行以爱岗敬业、诚实守信、办事公道、热情服务、奉献社会为主要内容的职业道德，鼓励人们在工作中做一个好建设者。"对于各行各业的从业者而言，这是具有广泛代表性和普遍约束力的职业道德规范。

以注册安全工程师为例，注册安全工程师是指通过职业资格考试取得中华人民共和国注册安全工程师执业资格证书（以下简称注册安全工程师职业资格证书），经注册后从事安全生产管理、安全工程技术工作或提供安全生产专业服务的专业技术人员。根据我国2019年3月1日起施行的《注册安全工程师职业资格制度规定》，第五章权利和义务部分规定如下：

第二十九条　注册安全工程师享有下列权利：

（一）按规定使用注册安全工程师称谓和本人注册证书；

（二）从事规定范围内的执业活动；

（三）对执业中发现的不符合相关法律、法规和技术规范要求的情形提出意见和建议，并向相关行业主管部门报告；

（四）参加继续教育；

（五）获得相应的劳动报酬；

（六）对侵犯本人权利的行为进行申诉；

（七）法律、法规规定的其他权利。

第三十条　注册安全工程师应当履行下列义务：

（一）遵守国家有关安全生产的法律、法规和标准；

（二）遵守职业道德，客观、公正执业，不弄虚作假，并承担在相应报告上签署意见的法律责任；

（三）维护国家、集体、公众的利益和受聘单位的合法权益；

（四）严格保守在执业中知悉的单位、个人技术和商业秘密。

第三十一条　取得注册安全工程师注册证书的人员，应当按照国家专业技术人员继续教育的有关规定接受继续教育，更新专业知识，提高业务水平。

虽然目前行业内还没有具体的、完善的"注册安全工程师职业道德规范"文本，但从以上内容不难看出注册安全工程师职业道德基本要求。

职业良心是指有着特殊职业的从业人员领悟了社会对自己的要求，因而具有的为社会尽具体义务的明确意识。简单来说，职业良心就是从业人员对职业责任的自觉意识。事实上，所有的职业都有良心内涵其中，只不过程度不同而已。职业良心对从业人员的职业活动有着重大的影响，往往左右着从业人员职业道德生活的各个方面，贯穿于职业活动的全过程，成为从业人员的重要精神支柱。因此，必须重视培养从业人员的职业良心。

职业良心在人们的职业生活中起着重要的作用，甚至左右着人们职业道德的各个方面，贯穿于职业行为过程的各个阶段，是职业劳动者思想和情操的重要精神支柱。职业良心能够依据履行责任的要求，对行为的动机进行自我检查，对行为活动进行自我监督，对行为结果进行自我评价等。具体而言，首先，在从业人员作出某种行为之前，职业良心具有动机定向的作用。一个从业人员具有职业良心，就能根据履行职业义务的道德要求，对行为的动机进行自我检查，凡符合职业道德要求的动机就予以肯定，凡不符合职业道德要求的动机就进行抑制或否定，从而作出正确的选择或决定。其次，在职业活动进行过程中，职业良心能够起到监督作用。对符合职业道德要求的情感、意志和信念，职业良心就给予激励并促使其坚持；对于不符合职业道德要求的情绪、欲望或冲动，职业良心则予以抑制，促使从业人员自行改变其行为方向和方式，纠正自私欲念或偏颇情感，避免产生不良后果。最后，在职业活动结束以后，职业良心具有评价作用。职业良心能够对自己的职业活动及其结果作出自我表现评价。对履行了职业义务的良好结果和影响，会得到内心的满足和欣慰；对没有履行职业义务的不良后果和影响，进行内心谴责，表现出内疚、惭愧和悔恨，促使其主动自觉地纠正错误。

职业良心作用于从业人员的职业实践主要有两种方式：一种是直觉的方式；另一种是理智的方式。直觉的作用形式是指职业良心以一种无形的力量，甚至下意识的本能、顿悟，使人的行为沿一定的方向进行。理智的作用方式是指经过职业道德情感的冲突而作出的深思熟虑的、合乎理性的选择，自觉遵守职业道德规范，履行自己的职业道德义务。这种作用方式是使从业人员的内心世界服从于职业道德的自我法庭。

不同职业的不同利益和义务造成人们不同的职业良心。不同职业所具有的不同利益和义务，直接影响着人们的道德观念及其用以评价行为的道德标准，从而造成人们之间不同的职业良心。在社会里，作为在特定职业中长期生活的人，他们除处于一定的阶级地位，有着一定的阶级利益外，还有其特定的职业地位和职业利益。一个人一旦从事特定的职业，就直接承担着一定的职业责任，同所从事的职业的利害紧密地联系在一起。

他们对一定职业的整体利益的认识，就是他们对具体社会义务的自觉。这种自觉可以逐步升华为职业良心。其中，人们的职业活动方式及其对职业的利益和义务的认识，对职业良心形成有着觉醒性作用。[①] 职业良心和职业义务两者相辅相成。职业良心是在履行职业义务过程中所形成的职业责任感和对自身职业行为的稳定自我评价与自我调节能力。这种职业责任感是对从业人员的道德要求，而职业义务则是从业人员的职责范围。因此，职业良心与职业义务相互促进，共同推动着从业人员的行为向更高的道德标准看齐。

5.3.3 职业伦理

工程职业伦理是工程伦理学的基本组成部分。所谓职业伦理，是指职业人员从业的范围内所采纳的一套行为标准。职业伦理不同于个人伦理和公共道德。对于工程师来说，职业伦理表明了职业行为方式上人们对他们的期待。对于公众来说，具体化到伦理规范中的职业标准使潜在的客户和消费者对职业行为可以作出确定的假设，即使他们并没有关于职业人员个人道德的知识。工程职业伦理是指工程师在从事工程项目时所应遵循的道德规范和职业标准。工程职业伦理是工程师职业素养的重要组成部分，也是推动工程项目顺利实施的重要保障之一。因此，工程师应该始终遵循职业道德规范，认真履行职责，以实现工程项目的社会价值和经济价值。以下是一些常见的工程职业伦理规范：

（1）职责。所谓职责，是指职务上应尽的责任或职位上必须承担的工作范围、工作任务和工作责任。工程师应履行自己的职责，包括确保工程项目的安全性、适用性和经济性，保护公众利益，遵守国家和地方的相关法规及标准。

（2）安全。工程师应始终将安全放在首位，采取必要的措施确保工程项目和工作环境的安全，预防事故和风险的发生。

（3）诚实。一方面，诚实是指主体内心与言行一致，不虚假；另一方面，诚实是指主体能准确地说明事情的原委以赢得信任。工程师应时刻保持诚实、公正和透明的态度，不伪造数据、不夸大成果、不隐瞒问题，而是如实地向公众和客户反映工程项目的实际情况。

（4）负责任。责任是一种职责和任务，是身处社会的个体成员必须遵守的规则和条文，带有强制性。责任产生于社会关系中的相互承诺。在社会的舞台上，每种角色往往意味着一种责任。当人们在承担一项责任的时候，要付出一定的代价，但也意味着获得回报的权利。工程师应对自己的工作负责，尽可能减少工程项目的负面影响，同时积极参与工程伦理教育和培训，提升自身的职业素养和道德水平。

（5）尊重他人。工程师应尊重他人，包括同事、客户、合作伙伴和社区居民等，不进行歧视、不进行欺诈、不进行不正当交易，而是与各方建立良好的合作关系，共同推动

---

① 罗国杰. 伦理学[M]. 北京：人民出版社，1989.

工程项目的顺利实施。

工程师的本职工作就是创新，或者说这个职业的显著特点就是创新，因为他们总是在可能性、可行性和可期待性的交点上工作，把源自各种领域的知识的想法综合在一起完成人们所期待的经济性产品或服务。

职业伦理规范实际上表达了职业人员之间及职业人员与公众之间的一种内在的一致，或职业人员向公众的承诺：确保他们在专业领域内的能力；在职业活动范围内促进全体公众的福利。因而，工程师的职业伦理规定了工程师职业活动的方向。它还着重培养工程师在面临义务冲突、利益冲突时作出判断和解决问题的能力，前瞻性地思考问题、预测自己行为的可能后果并作出判断的能力。

5.4 工程师的职业伦理规范

5.4.1 工程师的首要责任

无论从事何种具体职业，工程师都应在履行职业责任时，将公众的安全、健康和福祉放在首位。这已成为当前全球工程职业伦理规范的普遍共识。具体来说，这意味着工程师应该积极促进和保护公众的利益，对任何可能对公众产生负面影响的行为保持高度警惕。作为专业从事工程领域的人士，他们负责设计和实施各种系统及设备，以确保公众的生活和工作环境安全可靠。

(1)安全的责任。工程师的首要任务是确保所设计和实施的系统或设备在运行过程中不会对人类造成伤害或危害。他们在进行设计时，必须考虑到设备的安全性，确保其符合相关的安全标准和规定。另外，工程师还需要对系统或设备的生命周期进行评估，以便在可能出现的问题或故障时及时采取措施。

(2)健康的责任。工程师在设计和实施过程中，应当考虑如何最大限度地减少对环境的影响，特别是对于那些可能影响公众健康的环境因素。例如，工程师在设计污水处理系统时，需要考虑到尽可能减少对周围环境和空气质量的影响。

(3)福祉的责任。除安全和健康因素外，工程师还需要考虑如何提高公众的福祉。这可能包括设计更为便捷、高效、节能的系统或设备，或者通过改善现有的工程解决方案来提高生活质量。例如，工程师可以通过优化交通运输系统来减少通勤时间和交通拥堵，从而为公众创造更为舒适的生活环境。

总之，工程师以公众的安全、健康和福祉为己任，需要不断努力改善社会上存在的各种工程问题，为创造一个更为安全、健康和繁荣的社会作出贡献。

我国工程科技发展始终坚持党的全面领导，始终坚持造福人民，始终坚持新型举国体制，始终坚持发挥人才第一资源作用，始终坚持自力更生、自主创新，始终坚持开放合作，这些理论和实践结晶必须长期坚持并不断丰富发展。

（1）诚实、公正和透明。工程师应始终保持诚实、公正和透明。他们不应伪造数据、夸大成果或隐瞒问题；相反，他们应准确地反映工程项目的实际情况，从而建立起公众的信任。诚实是工程师职业道德的基本原则之一，它要求工程师在职业活动中保持诚实、客观和真实。诚实意味着工程师不应故意误导或欺骗客户、雇主或公众，而应提供准确、可靠的信息和建议，以便作出明智的决策。同时，诚实也意味着工程师应该对自己的职业行为负责，遵循正确的程序和标准，不进行任何欺诈或伪造行为。诚实对于工程师来说不仅是道德责任，也是法律义务。公正也是工程师职业道德的基本原则之一。在处理和解决索赔问题时，工程师需要以公正、公平和没有偏见的方式行事。他们需要独立地根据事实、合同条款和相关法律作出判断，并行使自己的权力，以便公正地处理索赔问题。工程师需要理解，他们的决定可能会对相关方产生重大影响，因此，他们必须以公正和诚信的方式行事，避免出现任何利益冲突。透明即公开、清晰、易于理解，如政策和决策的清晰度、信息的公开程度等。

（2）尽职尽责。工程师应对自己的工作负责，并尽可能减少工程项目的负面影响。这意味着他们需要对自己的工作成果负责，并确保工程项目符合国家和地方的相关法规及标准。

（3）尊重他人。工程师应尊重他人，包括同事、客户、合作伙伴和社区居民等。他们不应该进行歧视、欺诈或不正当交易。相反，他们应该与各方建立良好的合作关系，共同推动工程项目的顺利实施。

林鸣院士是我国桥隧领域施工技术与工程管理专家。我国境内唯一一座连接香港、广东珠海和澳门的桥隧工程——港珠澳大桥岛隧工程，就是由他主持修建的。这座大桥以其最长、最大的海底沉管隧道而闻名世界。英国《卫报》甚至将它列为"新世界七大奇迹"之一。可以说，无论是从哪个角度，它都称得上世界桥梁建设史上的巅峰之作。港珠澳大桥的规划路线不但会经过中华白海豚的生活区域，而且与香港的航空航线有一定重合。考虑到尽量减少对中华白海豚的影响，以及海面航空限高 120 米的硬性规定，"建造海底隧道"成了最优解。这时，第一个问题出来了。海底隧道最重要的"外海沉管隧道"技术，我们并不擅长。当时，全中国的沉管隧道工程加起来，都不到 4 千米。真正掌握这项核心技术的，是几家国外的公司。于是，作为当时大桥岛隧工程总工程师的林鸣，尝试联系了一家荷兰公司，希望引进他们的技术和经验。但没想到，一联系，马上遇到了第二个问题：对方狮子大开口。当时，整个项目的总预算才6亿元，荷兰公司却要15亿元。于是，林鸣就这样带着团队走上了自主创新的道路。

按照规划，岛隧工程将在海底50米处安装33节沉管。每节重8吨、长180米、宽38米、高11.4米，最终形成一个长约6.7千米的海底隧道。整个攻关过程，虽然艰辛，但也算顺利完成。林鸣主持的岛隧工程也终于推进到安装沉管这一步。起初安装一切顺利，可当工程进行到第15节时，海底基槽却出现了异常回淤现象，边坡位置也出现了回淤滑塌。这个情况，是此前从未遇到的。如果不先清淤，基槽不平整，哪怕安装了，也容易出问题。但这个时候，第15节沉管已经拉到指定区域了，不能顺利安装，就得原路返回。上面提到了，每一节沉管重达8吨，要在海上运送，需要十多艘大马力运输船同时拉动才行。偏偏返航的时候，海上还起了风浪，拉着这么个庞然大物，翻船的风险非常高。作为项目总负责人，林鸣也怕。一怕风浪太大，大家有危险；二怕危难面前，人心不齐。于是，他连夜开动员会，带着大家表决心。团队成员们对于任务的坚定信念，给了林鸣很大力量。在这之后，他们先后又进行过两次对接。终于在第3次，成功将第15节沉管安装在指定位置。

当时，整体工程只剩下最后一步：安装最后一个接头。但这个过程却异常磨人。团队用了近17个小时的调校，终于把接头和两边的沉管连接起来，测量时发现，接头的横向最大偏差只有17厘米，这个数字在允许的误差范围内。对于这个结果，很多在场的国外专家都觉得很好，在他们看来，只要不漏水，就算成功了。但林鸣不满意，他始终觉得，自己和团队可以做得更好。于是，他下了命令："把接头拉上来，我们重新调校！"可林鸣的这个决定，并没有得到在场其他人的赞同。重新调校，意味着一切重来一遍，而且也不一定能比现在的结果更好。林鸣问了大家一个问题：无论工程大还是难，我们能不能把它真正做成一个领先于世界水平的工程？事实上，这个问题，林鸣也一直在问自己：能不能让世界对我们刮目相看？第二次调校并不顺利。3个小时过去了，依然没有找到合适的位置。那个时候，林鸣觉得自己要崩溃了，甚至担心，此前的付出会打了水漂。但作为岛隧项目的总工程师，林鸣必须承担起应有的责任。在近40小时的努力后，2017年5月4日晚8时43分，接头终于对接成功。经过测试，偏差分别只有0.8毫米和2.6毫米，远低于规定允许的误差范围。

时事案例

据中央广播电视总台消息，2023年9月10日，利比亚东部地区因飓风引发洪灾。重灾区德尔纳市洪灾灾区形势严峻，利比亚总检察长宣布，开始调查德尔那市附近两座水坝垮塌的原因，初步调查表明，垮塌的两座水坝之前存在需要维修的裂缝。

（4）保护环境。工程师有保护环境的义务。工程师在工程实践中应该充分考虑环境保

护，尽可能地减少对环境的负面影响，采取必要的预防措施来保护环境，并在工程项目完成后负责其可能的遗留问题。环境伦理责任是工程师在职业活动中需要遵循的重要道德准则之一。工程师的环境伦理责任包括但不限于维护人类健康，使人免受环境污染和生态破坏带来的痛苦与不便，以及维护自然生态环境不遭破坏，避免其他物种承受由于工程导致的环境破坏而带来的负面影响。

在某些情况下，如果工程师意识到他们的工作正在或可能对环境产生负面影响，他们有权拒绝参与这项工作或中止他们正在进行的工作。从伦理的角度来看，工程师承担的责任与他们所拥有的权利和义务是相等的。因此，工程师的环境伦理责任不仅要求他们遵守特定的道德准则，还赋予他们在必要时及时中止工作的权利。在工业化过程中，有两种思路可以保护环境，即资源保护主义和自然保护主义。资源保护主义主张科学管理，明智利用资源，而自然保护主义则主张保护自然利益本身。工程环境伦理的基本思想是要求工程师突破传统伦理局限，对环境有一个全面而长远的认识，并承担环境伦理责任，维护生态健康发展，保护好环境。当工程师通过职业判断发现情况危急公众的安全、健康和福祉，或者不符合可持续发展原则时，他们应该告知他们的客户或雇主可能出现的后果。这是工程师环境伦理责任的一部分，也是对他们职业操守的期待。

以上这些职业伦理规范是工程师职业素养的重要组成部分，也是工程师在实践中需要遵循的行为准则。这些规范旨在确保工程师的专业行为符合社会公众的期待，促进社会和经济的可持续发展。

5.5　职业行为中的伦理冲突

所谓冲突，即对立的、互不相容的力量或性质（如观念、利益、意志）的互相干扰。在职业行为中，工程师可能会面临多种伦理冲突。

(1)利益冲突。利益不仅是指经济利益，还包括专业利益、个人声誉等方面。目前，我国各个领域普遍存在利益冲突问题，已成为腐败发生的重要根源。利益冲突经常发生在工程实践中的不同利益方之间，如企业与公众、个人与团队等。在这种情况下，工程师需要权衡不同利益，并作出符合伦理的决策。在任何情况下，专业工程技术人员都应避免利益冲突，并采取必要的措施来管理和解决任何可能的利益冲突。这可能包括定期进行利益冲突检查，向客户和利益相关者披露相关信息，以及在必要时寻求第三方的帮助。

(2)安全问题。工程师需要考虑人民的生命安全、健康及环境保护等问题。在面临化学品、机械设备或建筑结构等安全性问题时，工程师需要遵循职业准则和伦理准则。

(3)社会责任。工程师作为社会的一员，需要承担一定的社会责任。例如，在工程实践中，需要考虑节能、环保等社会责任问题。

（4）文化差异问题。当工程师在处理跨文化交流时，可能会遇到文化差异引发的伦理冲突。例如，青藏铁路在修建过程中就曾十分重视保护地方物质文化遗产，尽量减少负面冲击，如铁路沿线的天葬台、寺院和"神山"上的宗教仪式场所的保护，并尽最大努力确保这些地方保持原状。当时指挥部要求附近施工单位在天葬时间停止作业，改变取土路线，"禁止进入"，禁止随意拍照等行为。另外，青藏铁路的路线选择，尽量避开当地居民聚居区，尽量不影响藏族、回族与撒拉族同胞的风俗习惯和宗教信仰。青藏铁路的方案设计，尽量体现藏文化风格，使铁路和藏区景观协调。青藏铁路的全线通车，沿线藏族群众的宗教活动依然正常，宗教信仰自由的权利得到不折不扣、实实在在的实现，西藏文化得到了良好的尊重、继承和发展。

（5）道德问题。在工程实践中，工程师可能也会遇到一些道德问题，如商业道德、职业道德和人格道德等。

在面对这些冲突时，工程师需要保持中立和公正的态度，同时，应遵循职业道德规范和相关法律法规，以保护公众的利益和安全。解决这些伦理冲突需要综合运用多种手段，包括建立和完善职业伦理规范、提高工程师的伦理意识和加强监管等。

 案例分析及思考

"一带一路"零距离：一个惠及非洲民众的"放心水"项目①

烈日下，人们头顶着水桶、水壶、水盆从各家赶来，聚集在送水公司设立的取水点旁，翘首以盼水罐车的到来；一些更偏远的地区，天还未亮，村民们就要携带各种容器，排着长队在附近的水井和河流取水……在安哥拉北部的卡宾达省，这样的景象是许多当地居民的"共同记忆"。

多年来，由于缺乏供水基础设施，安哥拉卡宾达省一些地区的民众饱受缺水煎熬。大部分居民依靠当地送水公司每天利用水罐车定点取水、送水，居民饮用水的卫生、安全、便利得不到满足。

2022年6月，由中国铁建国际集团有限公司承建的安哥拉卡宾达供水项目竣工，帮助当地解决了用水难题，也让许多村民第一次用上自来水。

"中国人实现了我们几代人的梦想，我们再也不用天不亮就到3千米外的河流去取水了！"谈及这一供水项目，卢哥拉社区居民佩德罗·乔斯充满感激。

中国铁建国际集团有限公司总经理李重阳说，一年多来，卡宾达供水项目运行顺利，

---

① 案例来源：新华网，http://www.news.cn/2023-09/07/c_1129850319.htm。

日供水能力达 5 万立方米，可保障当地每周 7 天、每天 24 小时不间断供应自来水，覆盖卡宾达省 92% 的人口居住区域，让 60 万当地居民喝上了"放心水"。

抗旱解困，改善民生。不仅仅是卡宾达，安哥拉南部的库内内省，也因中国企业的到来而"解渴"。

这里每年的旱季长达 9 个月。当地村民奥古斯托永远不会忘记 2018 年的罕见旱情，"田地被太阳晒得龟裂，渴死的牲畜随处可见，无数人被迫逃往邻国。"

水渠、取水泵站、蓄水池、饮水点……由中国电力建设集团（以下简称"中国电建"）承建的安哥拉重点民生工程——库内内省抗旱工程于 2019 年开建，让当地民众看到了对抗旱灾、喝上净水的希望。

2022 年 4 月，项目第一、二标段竣工并投入使用，标志着这一令人瞩目的惠民工程正式发挥效能。如今，一条长达 150 千米的水渠已将分布在各地的蓄水池同库内内河相连，清澈的流水在水渠里泛着粼粼波光。

中国电建安哥拉国别代表处总经理李训峰介绍，这项抗旱工程使库内内省 23.5 万人受益，25 万头牲畜饮水和牧场得到水源保障，可为 5 000 公顷土地进行灌溉。

村民孟格拉说："自从抗旱项目投入使用后，情况得到了很大改善，村民及牛羊有了充足的饮用水，这条'救命的水渠'，使我们远离了干旱。"

"安哥拉与中国的伙伴关系对我们非常重要。"库内内省省长热尔迪娜·迪达莱尔瓦对记者表示，库内内长期受干旱和贫困困扰，中国企业承建供水和抗旱工程，为改善民生、消除贫困等作出了重要的贡献。

"能源代表发展，而水代表生命。"安哥拉能源和水利部长若昂·博尔热斯说，中国企业承建的供水项目为安哥拉带来了过去难以获得的清洁用水。"对于安哥拉民众来说，这些供水项目的价值难以估量。"

近年来，中国在安哥拉兴建的众多水利、交通、能源等领域的项目陆续完工。博尔热斯说，中国企业承建的项目遍布安哥拉全国，有效改善了当地民众的生活状况，也为安哥拉创造了经济发展的条件。

李重阳认为，中国企业参与"一带一路"沿线国家建设，最重要的是以"共商、共建、共享"的理念，积极融入并帮助当地经济社会发展。"我们要选择的项目一定是当地经济发展急需、老百姓期盼的、能为百姓带来实实在在好处的，那么项目一旦建成，社会效益就会非常大。"

"'吃水难'一直是制约非洲经济社会发展的大难题。而中国企业在非洲承建的众多供水设施，为非洲国家开发水资源、缓解吃水难题提供了'中国方案'。"在对外经济贸易大学中国葡语国家研究中心首席专家王成安看来，这是中国与非洲国家共建"一带一路"的生动案例，也是构建中非命运共同体的具体体现。

共建"一带一路"倡议提出 10 年来，一批又一批中国建设者带着"中国技术""中国经验"踏上非洲大陆，承建水利、抗旱和供水设施。便捷、高效的饮用水处理和供应系统，安全、卫生的饮用水供应，正都助越来越多的非洲民众喝上期盼已久的"放心水"。

思考题

2013年金秋时节，习近平总书记提出共建"一带一路"倡议。十多年来，共建"一带一路"一步步走深走实，成为推动构建人类命运共同体的重要实践平台。共建"一带一路"造福沿线国家和地区，是和平之路、繁荣之路、开放之路，也是绿色之路、创新之路、文明之路。结合以上材料，谈谈你对工程师职业认同感及工程师的首要责任的认识和理解。

 拓展资料

[1]高兆明.存在与自由：伦理学引论[M].南京：南京师范大学出版社，2004.

[2]甘少平.应用伦理学前沿问题研究[M].南昌：江西人民出版社，2002.

[3]杨先艺，朱河.中国节约型社会的造物设计伦理思想研究[M].武汉：武汉理工大学出版社，2021.

[4]温宏建.伦理与企业：企业伦理探源[M].北京：商务印书馆，2020.

[5][美]迈克尔·戴维斯.像工程师那样思考[M].丛杭青，沈琪，等，校译.杭州：浙江大学出版社，2012.

[6][美]罗伯特·C.所罗门.伦理与卓越——商业中的合作与诚信[M].罗汉，等，译.上海：上海译文出版社，2006.

第6章
专业工程领域的伦理问题

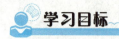 **学习目标**

从总体上理解和把握各个专业领域可能存在的工程伦理问题及应对策略，深刻认识工程实践活动中工程师工程伦理素养的重要性和必要性，增强学生学习和运用工程伦理的自觉性。

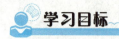 **学习要点**

◎ 核工程应遵循的伦理原则

◎ 化学工程应遵循的伦理准则

◎ 信息与大数据创新引发的新型伦理问题及需遵循的伦理原则

◎ 土木工程师的职业伦理要求

◎ 国防工程涉及的伦理问题

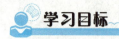 **素质提升**

◎ 国家安全与全民国防教育

◎ 可持续发展与新发展理念

◎ 军工精神

 **案例导入**

核污染之痛：福岛核泄漏事件①

纵观日本半世纪的能源演变进程，1973年的第一次石油危机是重要分水岭，为了规

---

① 案例来源：学习强国平台，https://article. xuexi. cn/articles/video/index. html？study ＿ style ＿ id＝video ＿ default＆source＝share＆art ＿ id＝139835824206966626844＆share ＿ to＝text ＿ msg.

避免因自然资源匮乏带来的能源危机，日本实施了重点发展核电的能源战略，核能也一度被日本人认为是"国产能源"。1978年，福岛第一核电站曾经发生临界事故，但是事故一直被隐瞒至2007年才公之于众。其间，福岛第一核电站1号机组反应堆主蒸汽管流量计测得的数据曾在1979年至1998年间先后28次被篡改。随后，2005年8月至2008年6月，福岛核电站多个核反应堆机组发现放射性冷却水泄漏，日方称没有对环境和人员等造成损害。然而，2011年3月11日，福岛第一核电站发生了日本史上最严重的核泄漏事件，这一事件最终被定为核事故国际最严重级（7级），不仅打破了日本政府构筑的"核电安全"神话，也为其他国家核电发展敲响了警钟。

2011年3月11日14时46分，日本宫城县北部发生的强地震引发了大海啸，导致属于日本东京电力公司的福岛第一核电站丧失冷却功能。东京电力公司在第一时间刻意隐瞒了真实情况，对外宣称"核电站没有出现较大故障"。3月12日，核电站1号反应堆因温度过高发生两次爆炸，该公司终于意识到了事情的严重性，开始大量抽取海水用来冷却核反应堆。经由冷却后的海水变成了放射性污水，东京电力公司以没有足够条件储存为理由，将约1万吨的高浓度放射性污水直接排入大海。之后，核电站其他机组陆续发生氢气爆炸、起火燃烧，这一系列事故导致安全壳破裂，核电站最后一道屏障失效。大量高浓度放射性物质迅速扩散到环境当中，直接对周围空气、水、土地产生辐射危害，核电站方圆20千米区域内的居民被迫撤离。福岛核泄漏不仅对生态环境产生了恶劣影响，也对人的生命健康造成了严重危害。十多年过去了，福岛核泄漏陆续产生了上百万吨的核污水、数千万立方米的核废物，未来还将继续产生，对于这些核废料的处置像是一场没有终点的马拉松。

根据日本国会事故调查报告，强地震伴随大海啸是最终导致福岛核泄漏的直接原因。以此为鉴，日本专家学者一致认为有必要重新评估未来可能出现的极端灾害风险，并在此基础上制定新的核电设施管理标准。经过一年多的调查、研究和讨论，2013年7月，日本将原有的5项核电设施管理标准提升至10项，特别强化了核电站抗震防海啸的设施规定。另外，日本原子能管理委员会还承诺将与美国、法国等国家核能管理委员会保持密切联系，在现有国际核安全标准下对本国核电设施进行加固改造，确保日本不会再发生严重的核泄漏事故。

交流互动

目前，全球能源日益匮乏，为了响应节能、环保、减排的共同倡议，世界各国在大力加速发展新能源，核电能源是其中的重要方面。自1951年12月美国试验增殖堆1号（EBR-1）首次利用核能发电以来，世界核电已有70多年的发展历史。人类在体验着核电所带来的巨大利益的同时，也遭受着人类历史上空前的核事故所带来的危害。1979年3月美国三哩岛核事故，1986年4月切尔诺贝利核电站事故，2011年日本福岛核电站事故，这些核电事故所造成的危害和困境至今仍在持续。结合以上案例材料，谈谈你对核电工程的了解和看法。

6.1 核电工程伦理问题

核电，就是利用原子核内部蕴藏的能量产生电能。核系统及核设备称为核岛；常规系统及常规设备称为常规岛，这两部分组成了核能发电系统。1951 年 8 月，美国原子能委员会在爱达荷州一座钠冷块中子增殖试验堆上进行了世界上第一次核能发电试验并获得成功。这是人类首次实现核（U—235）能发电。1954 年，苏联建成了世界上第一座实验核电站，发电功率为 5 000 千瓦。我国第一座核电站秦山核电站一期 1991 年建成投入运行，年发电量为 17 亿千瓦时（图 6-1）。

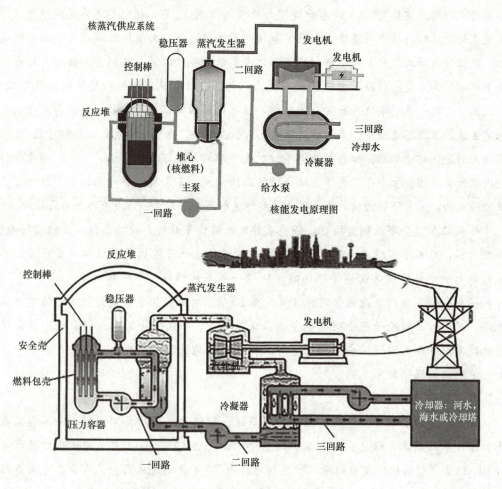

图 6-1 核能发电原理图与核电站结构

作为一种新能源，核能可以部分地替代煤、天然气等传统能源，解决全球能源危机和环境污染问题。我国不但需要发展核电，而且必须规模化发展核电，目前已逐渐成为全社会的共识。但同时，核能引起的诸多问题也对人类社会的可持续发展提出了挑战。

如何在确保安全的前提下有序发展核电是世界各国共同面临的现实问题。当前，我国的核电事业已经进入规模化发展阶段，稳妥推进核电建设事关经济社会发展大局。回顾总结福岛核泄漏事件，对人们的启示如下。

(1)提升核安全法规标准。安全是核能发展的第一前提，维护核安全离不开严格的制度保障。福岛核泄漏发生之后，生态环境部(国家核安全局)、国家能源局等部门当即对国内所有核设施进行了全方位的安全检查，指导完成了核电站抗地震、防海啸、化危机的安全改进项目。2016年1月，国务院发布《中国的核应急》白皮书，为预防、控制和缓解核事故确立基本方针，全面提升了核安全评估标准。2018年1月，《中华人民共和国核安全法》正式施行，为预防应对核事故、安全利用核能提供了法律支持。2021年3月，我国成立了全国核安全标准化技术委员会，为进一步完善核安全标准体系提供指导。

(2)采用先进核安全技术。核电设备的技术缺陷是诱发事故的原因之一，发展核电需要研发先进的核安全技术。在消化吸收国外核电技术的基础上，我国率先建成具备双安全保险措施的"华龙一号"，自主研发出"国和一号"，核技术利用安全水平居世界前列。2021年9月12日，位于山东省石岛湾的世界首座高温气冷堆核电站示范工程1号反应堆首次达到临界状态，标志着我国率先实现了第四代核电技术落地。这一技术的突破也意味着即使在最严重的事故下，不采取任何干预措施反应堆，也不会出现核泄漏，我国的核安全技术实现了从"跟跑"到"领跑"的重大飞跃。

(3)构建核安全人才体系。历史证明，核电事故发生的主要原因是人为疏失。因而，保障核电事业安全健康发展应该重视系统化、专业化核电人才体系的构建。例如，以成立国家核安全专家委员会为平台组建核安全领军人才队伍，提高核安全管理水平；以在建的中国核工业大学为契机，提升核安全专业人才技术能力和安全素养，壮大核安全从业人才队伍。与此同时，核事故的严重性、长期性决定了多主体共同维护核安全的必要性，要积极营造共建、共享的核安全氛围，发挥政府引领作用，激励涉核企业单位、研究机构、行业协会积极作为，引导公众了解核安全、参与核安全、维护核安全。

核能作为一种新能源，它能部分地替代化石能量，解决全球能源危机和环境污染。我国不但需要发展核电，而且必须规模发展核电，目前已逐渐形成了社会共识。但核能引起的诸多问题对人类伦理提出了挑战。

6.1.1 伦理学在核工程中的作用

核能作为一种新能源，相比高污染的传统能源，能在很大程度上缓解全球能源危机和环境污染问题。我国不但需要发展核电，而且必须规模化发展核电，目前已逐渐形成了社会共识。但核能引起的诸多问题对人类伦理提出了挑战。

伦理学在核工程中的作用是本章学习的重点。通过本章课程的学习，要求掌握如何运用伦理规范来解决核能利用和伦理之间的矛盾，通过科技伦理、生态伦理、安全伦理来引导和约束核能利用过程中出现的伦理问题，这也是本章学习的核心问题。伦理学在核工程中具有重要的作用：一方面，核工程需要伦理学的支持和肯定，为其解决一系列的价值难题；另一方面，核工程需要伦理道德引导、约束，以保证其安全且向着有利于人类的方向发展。

6.1.2 核工程的系统复杂性

核工程与其他工程相比，具有规模大、投资高、系统复杂、技术成熟度要求高等特点。一般来说，核工程的复杂性主要体现在多学科性。核工程不仅与核科学技术有关，还涉及其他多学科的综合知识，涉及政治的、经济的、社会的、法律的、地域的、资源的、水文和气象的、心理和生理的因素等。核工程的实施不仅要考虑工程建设的可能性和经济性，还要考虑环境、文化和伦理等因素。

核工程的特点主要有规模大、投资高、系统复杂、技术成熟度高等，核工程隐藏着放射性风险，确保核安全是利用核能的基础。核电安全性包括反应堆的安全性、核废物处理处置的安全性。

6.1.3 核工程师的伦理责任及培养

核工程师的伦理责任及培养是本章学习的难点。由于核工程系统的复杂性及所涉及知识的综合性，核工程师在工作中会面临来自各方面的巨大压力和挑战，除负责解决工程技术问题外，核工程师还必须承担伦理责任。为了能够在多学科的环境中负责任地工作，核工程师所要掌握的知识会随核工程技术的发展与日俱增。因此，核工程师需要全面培养，以满足现代核工程的需要，核工程师应具有所从事工程领域的多学科知识背景，充分认识到自己的社会责任及在决策中关键作用。核工程教育要强化工程伦理教育，使未来的核工程师具有正确的伦理观、良好的职业道德和社会责任感。将核工程的人文性、生态性等内容纳入核工程教育范畴，增强核工程专业学生的工程伦理意识和环境保护意识，提高对复杂核工程问题和利益冲突问题进行合理伦理判断的能力。

（1）科技伦理。核工程中的科技伦理主要表现在科学家的道德、社会责任方面：科学家应树立风险规避意识，应主动控制科研活动中的风险。近年来，我国在科技伦理治理方面取得了长足的进步，但仍存在发展不平衡、不充分的问题，如何有效进行科技伦理治理能力建设及相关人才培养仍是我们未来需要努力的方向。

（2）安全伦理。安全伦理以尊重每个生命个体为最高伦理原则，以实现人和社会的健康安全、和谐有序发展为宗旨。安全伦理主要体现在"安全第一"的哲学观念。

(3)生态伦理。生态伦理要求保存生态价值；维持生态的稳定性、整合性和平衡性。从总体上讲，核工程应遵循的伦理原则如下。

1)以人为本原则。从伦理角度而言，核能开发和利用应当做到：充分认识核电发展的社会地位；核电建设要以人为本，就是以人的生命安全为本；要调动和发挥所有人的智慧、力量及敬业精神；关心企业员工的利益。

2)可持续发展原则。正确处理核电发展的"好"与"快"的关系；正确处理好经济效益与生态效益的关系；正确处理好核资源的使用与节约；依靠科技进步，整体提升核电效益。

3)生态原则。生态原则是指在满足人类可持续发展的能源需求的同时，对环境和生态的影响减至最小。

4)公平公正原则。公正原则要求人们以社会公平与正义的观念来指导自己的行为，平衡各方利益。公正原则包含两个方面的含义：公平原则，公平就是指任何国家都有和平开发及利用核能的基本权利；正当原则，即要求"正当"发展核电工程，意味着所有国家发展核电的计划和进展，都应该置于国际原子能机构的监督和制约下。坚持核电发展战略、稳妥推进核电建设、加强核电安全管理、科学布局核电建设。

核工程与公众知情权如下。

(1)核工程风险的要素。风险的始发事件或诱因；始发事件发生的概率；事件发生可能导致的后果。

(2)核电风险的两种表示方法。反应堆堆芯损坏的概率；放射性物质大规模向环境释放的概率。

(3)核工程风险及公众认知。公众对核电风险的认知与专家有很大的差别。公众对风险的认知更为感性和情绪化，严重地依赖于自身知识、价值观、个人经历和心理等因素。

公众宣传的作用实际是减小核电风险的传递。有计划、有成效的宣传活动可以使公众建立理性和科学的核电风险观，平衡地看待核电带来的利益和存在的风险。

(4)公众在核电工程中的权利。对于核电工程的相关信息，尤其是安全信息享有全部的知情权；在核电工程决策中，公众应该享有平等参与、讨论及表决的权利。

(5)核工程的信息公开原则。信息公开包括危害公开和利益公开，涉及核工程的信息尤其是风险、事故信息应遵循公开原则。信息公开的重要性主要体现在以下几个方面：信息公开是实现核伦理对核开发利用主题发挥作用的前提；信息公开是主体作出正确行为选择的前提条件之一；信息公开是保障和安全发展的重要原则；信息公开也有利于保护公众的知情同意权及其相关权利的实现。目前，核事故信息公开的影响主要因素有政治因素、经济因素、社会因素等。

核工程师的伦理责任及培养非常关键。工程师在工程决策阶段的伦理责任是工程师伦理责任的核心问题。培养核工程师的伦理责任，分析在工程实践中可能遇到的伦理难题和责任冲突，解决工程伦理准则如何适用于具体的现实环境，使工程师的决定和行为符合伦理准则的要求，是核工程培养的重要环节。

(1)在核工程决策中的伦理责任。

1)对核工程项目进行伦理道德和社会价值上的评估，避免核能成果对正常社会秩序产生不利影响。

2)在评定核工程计划时，对那些可能会导致有害的结果，如危害人类身体健康，破坏生态环境，要进行价值评估。工程师在价值取向上保持中立是不可能的。

(2)工程师在核工程实施中的伦理责任。

1)工程师一定要明确自己的工作责任、工作范围，担当起在核工程实施过程中的责任，引导核能朝着造福于人类方向发展。

2)在核工程实施过程中，工程师的一切行为都应从保护生态环境、保护人类健康、实现可持续性发展出发。

3)工程师应严格按照核电工程流程完成工作。

在核工程的立项、设计、施工、监理和验收等各个环节，都存在工程师的伦理责任。

(3)工程伦理的基本价值准则。确保公众的健康、安全与福利，促进工程的可持续发展性。

(4)对公众安全的伦理责任。安全规范要求工程师尊重、维护或至少不伤害公众的健康和生命。

(5)核工程安全管理手段。核工程安全管理手段包括法律、经济、科技、文化手段。

(6)对环境的伦理责任。工程师在进行核工程活动时，必须遵循可持续发展原则，合理地开发和利用自然，保护和提高环境质量。

6.2　化学工程伦理问题

 **案例导入**

江苏响水天嘉宜化工有限公司"3·21"特别重大爆炸事故调查报告[①]

2019年3月21日14时48分许，位于江苏省盐城市响水县生态化工园区的天嘉宜化工有限公司发生特别重大爆炸事故，造成78人死亡，76人重伤，640人住院治疗，直接经济损失19.86亿元。

———————————

① 案例来源：应急管理部网站，https://www.mem.gov.cn/gk/sgcc/tbzdsgdcbg/2019tbzdsgcc/201911/P02019 1115565111829069.pdf。

2019 年 3 月 22 日，国务院江苏响水"3·21"特别重大爆炸事故调查组成立，由应急管理部牵头，工业和信息化部、公安部、生态环境部、全国总工会和江苏省政府参加，聘请爆炸、刑侦、化工、环保等方面专家参与调查。通过反复现场勘验、检测鉴定、调阅资料、人员问询、模拟试验、专家论证等，事故直接原因和性质，查明了事故企业、中介机构违法违规问题，以及有关地方党委政府及相关部门在监管方面存在的问题。

事故调查组查明，事故的直接原因是天嘉宜公司旧固废库内长期违法储存的硝化废料持续积热升温导致自燃，燃烧引发爆炸。事故调查组认定，天嘉宜公司无视国家环境保护和安全生产法律法规，刻意瞒报、违法贮存、违法处置硝化废料，安全环保管理混乱，日常检查弄虚作假，固废仓库等工程未批先建。相关环评、安评等中介服务机构严重违法违规，出具虚假失实评价报告。

交流互动

2015 年 8 月 12 日晚，天津港瑞海国际物流中心存放的危险化学品发生爆炸，事故造成 165 人遇难，8 人失踪，798 人受伤，304 幢建筑物、12 428 辆商品汽车、7 533 个集装箱受损，直接经济损失 68.66 亿元。通过天津滨海新区爆炸事故和江苏响水天嘉宜化工有限公司"3·21"特别重大爆炸事故，你对化学工程的特点及其影响有何感触？

6.2.1 伦理学在化学工业中的作用

化学工业又称为化学加工工业，是利用物质发生化学变化的规律，改变物质结构、成分、形态等生产化学品的工业部门。化学工业包括基本化学工业和塑料、合成纤维、石油、橡胶、药剂、染料工业等。在化学工业诞生的 200 多年时间里，以石油化工为代表的现代化学工业迅猛发展，使 50% 的世界财富都来自化工行业。在我国，化工行业已经成为国民经济的支柱性行业。根据国家统计局数据显示，2019 年全国油气总产量达 3.47 亿吨（油当量），同比增长 4.7%；主要化学品产量 6.25 亿吨；2020 年上半年油气产量达 1.82 亿吨（油当量），同比增长 5.5%。目前，我国能源消费仍然以石油和化工为主，市场依旧存在一定的增长空间。

化学工业作为国民经济的支柱性产业，它从根本上解决了我国十四亿人口的衣、食、住、行、医的重大需求。但不可避免的是，随着化工行业生产力的极大发展，整个行业面临着一系列环境伦理和安全伦理冲突，对中国石化产业的可持续发展形成了严峻挑战。如何运用伦理规范来解决化学工业发展和伦理之间的矛盾，通过工程伦理准则从本质上约束和避免化学工业发展过程中出现的伦理问题，也越来越成为一个核心问题。一是环境伦理冲突。事实上，当前国内石油、化工建设项目存在环境伦理冲突的现象比较普遍。二是安全伦理冲突。化学品建设项目从规划、设计到运营、维护等全过程都蕴藏着安全风险。如果对安全风险估计不足，特别是针对周边社区的安全风险估计不足，没有做好风险控制和应急准备，那么随着石油化工企业的生产规模不断扩大，一旦发生安全生产事故，往往会对社会、公众和环境造成严重影响，甚至会导致恶性的生态灾难。事实上，我国所有危险化学品建设项目都要经过安全评价，并须得到有关部门的批准。

在一些行业内部，一个普遍奉行的准则就是遵照标准，达到标准就意味着安全。但是，很多企业的决策者和工程师在安全评价过程中，并不认真研究建设项目将可能产生的公众安全风险，这就违背了"将公众的安全、健康和福祉放在首位并保护环境"的工程伦理原则。以下是中国化工学会工程伦理守则，可以作为一个参考。

中国化工学会工程伦理守则①

中国化工学会会员要发扬爱国、敬业、诚信、友善的精神，不仅应具备合格的专业能力，而且应具有高尚的职业道德情操和工程伦理素养，在享受会员荣誉的同时承担社会责任，维护职业声誉，不断完善自我，用专业知识和技能造福人民、造福社会。中国化工学会特制定本守则，用以规范全体会员在从事工程、技术、科研、教育、管理和社会服务等工作中的行为。同时，倡导广大化工行业从业者共同遵守本守则。

(1)在履行职业职责时，把人的生命安全与健康及生态环境保护放在首位，秉持对当下及未来人类健康、生态环境和社会高度负责的精神，积极推进绿色化工，推进生态环境和社会可持续发展。

(2)如发现工作单位、客户等任何组织或个人要求其从事的工作可能对公众等任何人群的安全、健康或对生态环境造成不利影响，则应向上述组织或个人提出合理化改进建议；如发现重大安全或生态环境隐患，应及时向应急管理部门或其他有关部门报告；拒绝违章指挥和强令冒险作业。

(3)仅从事自己合法获得的专业资质或具有的能力范围之内的专业性工作；保持专业严谨性，对自己的职业行为高度负责；严格审视自己的专业工作，客观评价他人的专业工作，并以专业能力和水平为唯一依据，不受其他因素干扰。

(4)在职业工作中对所服务的工作单位及客户秉持真诚、正直和契约精神，主动避免利益冲突，恪守有关保密条例或约定；在需要披露信息时，或在网络等公开场合发表与专业相关的言论时，应以高度负责的精神做到诚实、客观。

(5)尊重和保护知识产权，杜绝一切损害工作单位及其他任何组织、个人知识产权的行为；遵守学术道德规范，尊重他人科技成果，拒绝抄袭、造假等一切学术失德行为。

(6)在从事鉴定、评审、评估等专业咨询时应以诚实、客观、公正为行事准则，拒绝虚假鉴定、虚假评审、虚假评估；廉洁自律，拒绝贿赂、利益交换等一切腐败行为。

(7)在整个职业生涯中应注重不断学习，追求卓越，注重发挥个人专长，以良好的职业操守和工作业绩建立并提升个人职业声誉。

---

① 资料来源：中国化工学会官方网站，http://www.ciesc.cn/c235.

(8)在职业工作中保持客观、公正、公平和相互尊重，积极营造包容、合作的工作环境，促进团队合作，尊重他人专长，为下属提供职业发展机会，杜绝歧视和骚扰。

(9)在涉及境外或域外的职业活动中，应充分尊重当地文化和法律；应了解相关国家或地区的工程技术规范及其与我国相关规范的不同，针对涉及重大安全、生态环境保护问题的事项，应遵从要求等级较高的工程技术规范。

6.2.2　化学品生命周期中的伦理问题

化学品的生命周期包括研制、设计、规划、生产、存储、运输、使用等多个阶段。每个阶段都存在伦理问题，并有过因为忽视伦理问题而导致重大事故的先例。在其生命周期中，关注伦理问题越早，对于预防安全环保事故越是能起到事半功倍的作用。

回顾科学和环境关系史上影响最大、历时最长的一桩公案，那便是 DDT 的利弊与存废。现代大规模的环境保护运动正是从"拿下"DDT 为揭橥的。DDT 的化学名称是双对氯苯基三氯乙烷，1874 年由奥地利化学家蔡德勒在拜耳教授指导下合成。此后便束之高阁，整整尘封了 65 年。它神奇的杀虫功效直到 1939 年才被瑞士盖基公司的化学家穆勒所发现。DDT 能作用于昆虫神经细胞的钠离子通道，使它"只开不关"，从而无法正常传递电信号而导致机体死亡。瑞士政府迫不及待地使用 DDT 消灭科罗拉多土豆甲虫，奇迹般挽救了当年的农业收成。作为第二次世界大战的中立国，瑞士于 1942 年 11 月将 DDT 的标本和配方同时提供给交战双方。纳粹德国并未予以足够重视，美国却如获至宝，组织大批科学家在佛罗里达州奥兰多紧急攻关。1943 年 10 月 1 日，盟军解放了意大利那不勒斯，想不到这座城市因纳粹对供水排水系统的破坏，正陷于伤寒大流行的灭顶之灾。艾森豪威尔将军紧急向华盛顿求援，美国辛辛那提盖基公司和杜邦公司首批生产的 60 吨 DDT 火速运达。1944 年 1 月，那不勒斯的营房、街区和 130 万军民普遍接受 DDT 喷洒，竟然一举消灭了传播伤寒的元凶虱子，在 3 个星期内控制了伤寒流行。比起 1812 年拿破仑 50 万大军因伤寒爆发而兵败莫斯科，比起第一次世界大战中仅俄国就有 300 万人命丧伤寒，DDT 写下了人类历史上首次战胜大规模瘟疫的不朽篇章。

在南太平洋战场上，瓜达尔卡纳尔岛战役中阵亡的美军人数不及因蚊虫叮咬死于疟疾的人数，自从司令部决定增设专门喷洒 DDT 的建制后，美军几乎完全摆脱了疟疾和热带病的灾难。接着从菲律宾、缅甸、中国前线到纳粹监狱、集中营，到处传来 DDT 的佳音捷报。丘吉尔在 1944 年 9 月 28 日的广播演讲中说："杰出的 DDT 粉经过充分检验并确认有神奇的效果。"1948 年，穆勒获得诺贝尔生理学或医学奖，瑞典皇家卡罗琳学院（现名为卡罗林斯学院）在颁奖词中激情赞颂 DDT 是人类的"天外救星"。媒体则把 DDT 称为"昆虫原子弹"。盘点科技成就，原子能、雷达、青霉素和 DDT 并列为第二次世界大战期间的"四大发明"。由于功能强大、制造简易、价格低廉、广谱持久、人畜无害、储运方便等优良品质，DDT 在所有杀虫剂中一枝独秀，战后达到了辉煌的巅峰。疟疾是人类最古老的宿敌，每年祸及 3 亿至 5 亿人口，夺取 300 万人的生命。当南非、印度、斯里兰卡等国家使用 DDT 杀灭蚊子，效果立竿见影，疟疾感染率直线下降。意大利 1947 年至 1951 年靠 DDT 实现了根除疟疾的 5 年计划。联合国卫生组织也雄心陡起，于 1955 年 5 月正式擂响了全球消灭疟疾的战鼓。而美国的农民则大规模使用 DDT 杀灭 300 多种农作物的害虫，频繁动用飞机对广阔的田野和森林进行喷洒。1959 年美国 DDT 使用量达到峰值 36 000 吨，平均每人消费半磅之多。这种无节制、无忌惮的挥霍和滥用，埋下了 DDT "其兴也勃焉，其亡也忽焉" 的祸根。

1962 年，美国女生物学家卡森出版了其重要的著作——《寂静的春天》，书中揭露了 DDT 等杀虫剂对野生动物特别是鸟类的危害，使春天不再莺歌燕舞。由于高度的疏水性使 DDT 存留在生物脂肪组织中，并通过食物链富集到猛禽体内，造成美国 "国鸟" 秃鹰等蛋壳变薄和数量减少，另外，还干扰人体内分泌和生育系统并诱发癌症。卡森的书首次提出人和自然环境的关系问题，也暗合了公众对工业界的长期疑虑和怨愤。《纽约客》6 月接连 3 期提前刊登了部分章节，《纽约时报》称 "寂静的春天现在成了喧闹的夏天"，美国前总统肯尼迪的科学顾问委员会奉命进行调查并支持卡森的警示。《寂静的春天》连续荣登《纽约时报》畅销书榜首，有人把它比作当年 "引发南北战争" 的《汤姆叔叔的小屋》。1967 年美国环境保护基金会宣告成立，1970 年 12 月 2 日美国环境保护局正式挂牌，并于 1972 年 6 月 14 日签署法令，在美国禁止使用 DDT。拿这个如日中天的诺贝尔奖级化学 "宠儿" 开刀问斩，骄横的化工界受到极大的震慑，初创的环境保护局也借此树权立威。世界不少国家群起效尤，先后制定废除 DDT 的法规。1995 年，联合国化学安全机构确定了 12 种 "持久性有机污染物"，DDT 被划入 "肮脏的一打"。2001 年 5 月 22 日，152 个国家签署了《斯德哥尔摩协议》，DDT 最终沦为环境的大敌和人类的 "弃儿"。

一项科技成果，怎样用理性来权衡利弊和把握平衡？诸多环境危机，怎样让全球能同心共识和同舟共济？这些问题过去、现在、未来都考验着人类的智慧和操行。据各类文献统计，50%～90% 的化工事故是由于人的失误引起的。引起人为失误的因素有很多，内因如操作者技术的熟练程度、情绪控制力、精力集中度、风险偏好、职业伦理敏感度等；外因包括工作场所的卫生环境、企业安全文化、安全管理系统的健全程度等。如果在化学品生命周期的早期阶段，如研发、规划、设计等阶段，充分考虑后续各阶段的风险，考虑到厂内的员工、厂外的社区公众、产品的终端用户的安全和健康，避免人为失误或过失，做好事故预防工作，那么就能起到事半功倍的效果。

<h3>6.2.3 最佳伦理实践——环境信息公开和责任关怀</h3>

(1)环境信息公开。为得到公众的广泛支持和认可，真正体现工程伦理准则，即将公

众的健康、安全和福祉放在首位，按照法律法规要求，坚持环境信息公开，践行责任关怀，将是整个化工行业摆脱"谈化色变"困境，实现可持续发展的必经之路。很多化工企业认为，安全生产数据、环境排放数据属于敏感数据，竭尽全力不对公众公开。信息不公开不仅会引发公众的恐慌和邻避情绪，而且可能进一步引发社会群体事件，导致公共安全风险。我国化工企业数量庞大，工艺复杂多样，仅仅依靠安全、环保部门的监管，虽然可以对企业违法排污现象有所遏制，但仍然存在不少问题。

安全生产和环境保护需要各方的共同努力，尤其是社会公众的积极参与，对企业施以全社会监督的震慑力，进而促进企业安全生产和环保水平。公众参与环保是环境保护最有力的武器之一，是解决我国环境问题的重要途径。公众参与环境保护的途径包括公众参与环境影响评价；公众参与环境行政许可听证；公众参与环境行政立法听证；公众参与"环境公益诉讼"；公众参与环境保护有关的行政管理决策和执法。无论以上哪种方式参与，环境信息公开是公众参与环保的前提和基础。

（2）责任关怀。责任关怀起源于加拿大化学品制造商协会，是化工行业针对自身的发展情况提出的一整套自律性的、持续改进环境、健康和安全绩效的管理体系。化学品制造企业在产品从实验室研制到生产、分销，以及最终再利用、回收、处置销毁的各个环节，有责任关注本企业员工、供应商、承包商、用户、附近社会及公众的健康与安全，有责任保护公共环境，不应因自身的行为使员工、公众和环境受到损害。全球化学工业实施"责任关怀"，可以使其生产过程更为安全有效，从而为企业创造更大的经济效益，并且极大程度地取得公众信任，实现全行业的可持续发展。

责任关怀在实践中有六个方面的行动准则。详细的标准都是围绕这六个方面制订的，它们也反映了化学工业企业管理的重要方面，具体如下。

1）社区认知和紧急情况应变准则。目的是使化工企业的紧急应变计划与当地社区或其他企业的紧急应变计划相呼应，进而达到相互支持与帮助的功能，以确保员工及社区民众的安全。透过化学品制造商与当地社区人员的对话交流，拟订合作紧急应变计划。该计划每年至少演练1次，其范围涵盖危险物与有害物的制造、使用、配销、储存及处置所发生的一切事故。

2）配送准则。为了使化学品的各种形式的运输、搬运和配送更为安全而订立。其中包括对与产品和其原料的配送相关的危险进行评价并设法减少这些危险。对搬运工作需要有一个规范化过程，着重于行为的安全和法规的遵守。

3）污染预防准则。为了减少向所有的环境空间，即空气、水和陆地的排放。当排放不能减少时，则要求以负责的态度对排放物进行处理。其范围涵盖污染物的分类、储存、清除、处理及最终处置等过程。

4）生产过程安全准则。目的是预防火灾、爆炸及化学物质的意外泄漏等。它要求工艺设施应依据工程实务规范妥善地设计、建造、操作、维修和训练并实施定期检查，以达到安全的过程管理。此项准则适用于制造场所及生产过程，其中包括配方和包装作业、防火、防爆、防止化学品的误排放，对象包括所有厂内员工和外包商。

5）雇员健康和安全准则。目的是改善人员作业时的工作环境和防护设备，使工作人员能安全地在工厂内工作，进而确保工作人员的安全与健康。此项准则要求企业不断改善对雇员、访客和合同工作人员的保护，内容包括加强人员的训练并分享相关健康及安全的信息报道、研究调查潜在危害因子并降低其危害，以及定期追踪员工的健康情况并加以改善。

6）产品监管原则。此项准则适用于企业产品的所有方面，包括从开发经制造、配送、销售到最终的废弃，以减少源自化工产品对健康、安全和环境构成的危险。其范围涵盖了所有产品从最初的研究、制造、储运与配送、销售到废弃物处理整个过程的管理。

过去十多年里，在有关政府部门、危险化学品从业单位及高校、科研院所的共同努力下，我国化学工业安全生产水平得到了显著提升。但是，重大安全生产事故和突发环境事件仍偶有发生。随着我国化学工业制造规模的快速且大幅度发展，危险化学品事故造成的后果很难控制在工厂或科研院所范围内，它们往往对周边社区居民和企事业单位产生不利影响，甚至造成严重的生态灾难。为何危险化学品重大事故时有发生？事实上，问题的根源在于化学工业生产的诸多环节中漠视甚至忽视工程伦理问题。化学工业生产过程中产生的工程伦理问题究其一点，即在关键时刻工程师、技术操作人员、生产企业单位和相关部门是否能够坚持人民利益至上，是否能够将公众的安全、健康和福祉放在首位。

6.3 信息与大数据工程伦理问题

 案例导入

李开复：人工智能可能带来哪些伦理问题？[①]

人工智能为人们带来的，不仅仅是潜在的大笔资金，也有可能是伦理问题。创新工场董事长兼首席执行官李开复说，在2018年世界经济论坛年会上，关于人工智能，与会者开展了较此前更为本质的讨论。

李开复说，2018年达沃斯与会者的讨论主要集中在以下几个领域。

（1）安全。如果人工智能并不安全，如无人驾驶成为武器，人类应该如何应对？李开

---

① 案例来源：个人图书馆，http://www.360doc.com/content/18/0127/15/141793_725540322.shtml.

复说，人工智能的安全问题目前尚待解决。

（2）隐私。由于人工智能的发展需要大量人类数据作为"助推剂"，因此人类的隐私可能暴露在人工智能之下。李开复提到，目前一个热点讨论的主题在于，很多人认为应该重写互联网规则，"让每个人拥有掌控自己数据的权利"。

一个可能的措施是，让各家互联网厂商通过一个统一中介平台，来获得人们的授权。李开复举例说，有人不在乎自己的隐私，同意厂商利用个人隐私谋利，"能卖多少算多少"；而有人认为个人隐私可以用来优化搜索引擎结果和社交媒体内容，并可用于公益，但不同意厂商将个人隐私用于谋利。

但这样的想法实现起来有难度，一方面现有互联网巨头可能表达反对态度，另一方面也涉及不同司法辖区在司法实践上的差异问题。李开复建议通过税收调节的方式来实现对隐私的控制，但很多其他人，更愿意在讨论清楚这一伦理议题之后，再进行实践。

（3）偏见。人工智能将最大限度减少技术流程中偶然性的人为因素。在这种情况下，可能将对于某些拥有共同特征的人，如某一种族或年龄段的人，造成系统性的歧视。这里存在一个悖论：如果为了所谓的"平等"，剔除了所有直接或间接能够将人与人区分开来的因素，人工智能也就失去了工作的基础。

李开复表示，这种讨论陷入"过犹不及"的错误。言下之意，目前关于这个问题的争论还很难得出一个有意义的终局性结论。

（4）人工智能是否会取代人类工作的问题。李开复说，与会者的讨论已经从有多少工作将被取代，深入到究竟哪些工作能被取代。这位人工智能科学家说，各种研究机构大概同意：未来10~15年中，将有40%~50%的任务可以被人工智能取代——不代表人工智能足够便宜，也不代表每家公司都有足够的远见来采购技术，但人工智能的能力是存在的。

（5）贫富不均的问题。当人工智能逐步取代部分人的工作时，被取代者不仅面临收入下降的问题，也可能失去了人生的意义，可能出现"陷入毒瘾、酒瘾、游戏瘾，甚至虚拟现实瘾的地步，也可能增加自杀率"。

李开复说，可能的解决方案包括：用重新分配的方式来解决相对不平等的问题；另外，也需要帮助人们找到更多的生活意义——成就感可能并不来自工作，也可能来自绘画、摄影、艺术等享受人生的方式上。

这位人工智能领域的投资人表示，与会者对于人工智能的理解更为深入了——此前，2017年达沃斯论坛开幕时，正值创新企业家埃隆·马斯克（Elon Musk）及科学家斯蒂芬·霍金（Stephen Hawking）发表"人类威胁论"的时候，人们对于人工智能的印象停留在那些"比较幼稚且不太可能短期发生"的主题上，如人工智能取代人脑等。

李开复总结：达沃斯的与会者较之前更加成熟了，在人工智能技术进步的同时，对于如何让这项技术更好造福世界、解决问题的讨论，也在同步进展中。

<h2 style="text-align:center">人工智能的偏见与歧视</h2>

2023 年 2 月 16 日，怀孕 8 个月的 32 岁美国女子波查德·伍德拉夫（Porchard Woo-druff），遭到了一个意想不到的打击，她被人脸识别技术错误地标记为犯罪嫌疑人。那天清晨，当伍德拉夫正忙于送孩子上学时，6 名警察手持逮捕令出现在她家门口。警察指控她涉及一宗抢劫案。这起事件始于一个月前，当时一名受害人向警方报告了抢劫案件。为了查找嫌疑人，警方使用了人脸识别技术分析了相关的监控录像。结果，系统提供的 6 张嫌疑人照片中包括了伍德拉夫，更不幸的是，受害者错误地确认了她。伍德拉夫不甘于这一荒唐的误判，选择起诉底特律警局，并最终成功为自己伸张正义。这得益于她当时的身孕状况，可以证明她不可能是这起案件的真正罪犯。

交流互动

信息是推动世界发展、科技进步的不竭动力。而作为信息时代的产物——大数据，逐渐成为大家讨论的话题。请结合以上材料，谈谈你对大数据时代的利与弊的认识。

6.3.1　伦理学在信息科技与大数据创新中的作用

信息科技的作用早已超出了信息产业本身，越来越多地渗透到经济、政治、社会、文化生活甚至生态环境变迁中。正确认识信息科技在带来丰富信息、巨大效益、便利和推进社会文明进步的同时，也存在不当侵占个人利益、损害个人自由和声誉、拉大社会内部信息贫困者与富有者之间的"数字鸿沟"等伦理风险，从而树立在大数据科技创新中需要引入伦理推理的良好意识。其中，重点为信息科技及大数据创新催生的社会变迁各种表现。难点为对信息科技应用的不完备性和发展性的理解，以及大数据创新向应用领域之外溢出效应的辨析。

6.3.2　大数据科技创新生命周期中的多种伦理问题

大数据科技创新的生命周期包括数据获取、处理、分享、挖掘、呈现、分发应用等多个环环相扣、嵌套循环的阶段。每个阶段都存在伦理问题，并有过因为忽视伦理问题而导致的人身伤害、财产损失、声誉受辱及社会数字鸿沟加大、全社会整体信任度变得脆弱等多种危害。在本章中，具体分析匿名化数字身份的社会责任缺失、商业化应用日益深入个人隐私范畴、数据从独有到共享再到公开和开放的利益分配依据不清、政府依赖大数据开展社会治理的公私权利冲突等，既是业界具有普遍意义，又是在工程伦理范畴中属于新类型的多种伦理问题。重点为大数据应用带来的新型伦理问题辨析，以及相关伦理原则及道德推理实践。难点为尚在发展中的关于数据权利、大数据创新收益的伦理决策。

6.3.3 大数据科技创新人员的伦理责任和行为规范

为得到公众的广泛支持和认可，大数据科技创新人员应真正做到将公众的健康、安全和福祉放在首位进行技术及商业决策，尊重个人自由，强化技术保护，严格操作规程，加强行业自律，遵守法律法规，承担社会责任，体现工程伦理准则，赢得持续发展。重点为本领域职业规范的价值取向与行为规范发展历程的掌握。难点为伴随大数据技术发展对职业行为规范的持续理解与实践。

数据安全风险主要包括个人数据"被提取""被记录""被滥用""被关联处理"；其获取过程无意识，使用边界不清晰，常超出客户最初授权范围，综合信息、敏感信息安全风险。在网络条件下，各种应用系统被"撞库"成功后的数据泄漏风险（尽量避免在不同的网站使用同一个密码）。

信息技术所带来的伦理性问题主要包括以下几个主要方面：第一，人际关系虚拟化；第二，正当的网络行为；第三，平等与公正问题；第四，知识产权争议；第五，全球化信息交互与治理困境。与此同时，大数据时代对社会伦理也提出了新挑战，例如，身份困境、隐私边界、数据权利和数据治理。以保护数据隐私为例，目前面临的挑战众多，如数据的可信性与可靠性，数据快速扩散性与放大器效应，挖掘技术与关联发现，身份盗窃与冒用，以及恶意攻击行为等。

一般认为，大数据创新科技人员的伦理责任主要有以下几个主要方面：第一，尊重个人自由。坚持尊重、公正、有限记忆、无害和可持续原则。信息惠民是大数据公共治理中的最高要求。第二，强化技术保护。第三，严格操作规范。第四，加强行业自律。第五，承担社会责任，做到信息惠民。首先信息惠民强调信息使用要方便，能提供的服务方便，人们感觉被服务的方便；其次信息要安全，集中的、强大的风险防范强于分散的、薄弱的甚至缺失的风险防范；最后是信息使社会更和谐美好，使社会更加有序化，人民生活更加美好。只有积极承担起以上责任，才有可能实践尊重他人、公平待人、避免伤害他人，损害他人的生命、财产和名誉等。

6.3.4 人工智能需要的伦理规范

刘易斯·芒福德在《技术与文明》一书中指出："在孩子手中放一根炸药并不能使他变得强大，只会增加他不负责任的危险。"2022 年 9 月，深圳通过了《深圳经济特区人工智能产业促进条例》，上海也正在制定本市的人工智能产业促进条例。这两部地方性立法虽以促进技术创新和产业发展为主要目的，但都将伦理原则内置于其中，创设了伦理委员会，引入了伦理风险评估、伦理审查、伦理安全标准管理、伦理指引和伦理教育等制度，以追求向善的创新、以人为本的发展。

人们常说"技术是一把双刃剑"，的确，技术体现的是工具理性，它旨在帮助人类找到实现任何给定目的的最优方案，但它本身并不能告诉我们什么样的目的是值得追求的。因此，需要给技术套上法律和伦理的缰绳，使之服务于帮助人类实现美善生活的目的。为了前瞻研判科技发展带来的规则冲突、社会风险、伦理挑战，我国成立了国家科技伦理委员会，发布了《关于加强科技伦理治理的意见》，在科技伦理治理体制、制度保障及审查和监管等方面迈出了重要步伐。

人工智能是数字科技时代最重要的技术之一，而且与传统的被动型技术相比，其具有自我演化、快速迭代、难以预测的特点。如何让人工智能技术及相关产业在"以人为本，科技向善，安全可控"的伦理原则指引下健康发展，是摆在人们面前的紧迫问题。目前，我国尚未出台国家层面的人工智能专门立法或伦理指导意见，但深圳、上海在地方性的制度试验中均规定了人工智能伦理方面的内容，这将为全国性的制度建设提炼出有价值的经验，试错避雷。

那么，人工智能领域为什么需要建立健全伦理相关制度？伦理和法律的关系又是什么？首先，法律是社会的底线伦理，如果突破了法律，人与人之间的和平共处就无法实现，基本的社会秩序就无法得到维持。但只有法律还不够，因为人们不仅要活着，还要活得好，活得有尊严感和幸福感，这时候就需要伦理出场了，伦理原则指引人们去做不止于守住底线的、对社会有益的事情。在日常社会交往中，伦理是内生的，依靠社会评价、同侪压力和亲情、友情来"执行"。但在人工智能等科技领域，由于信息不对称和专业能力不对称，普通社会公众很难对某种技术支撑的产品或服务的善恶利弊作出评价，因此需要专业化和制度化的伦理评价及伦理审查机制。

当人工智能越来越趋近于人，它的伦理问题成了技术行业、监管机构和大众最为关注的问题。当下，对于人工智能商业价值的极度崇拜与对伦理崩塌的深度隐忧，构成人工智能被谈及时的两种不同论调：一方面，商业机构不断描绘人工智能将带来的便利美好，而许多影视作品则不断提醒人们人工智能的潜在危险。2019 年，上海市中国工程院院士咨询与学术活动中心举办"人工智能时代的伦理道德建设"院士沙龙。与会专家提到，促进人工智能壮大，必须尽早将人工智能伦理研究提上日程。

"伦理困境"阻碍人工智能研发吗？从新闻客户端定向推送越来越"懂你"的信息流，到尝试走上封闭道路的自动驾驶汽车。过去几年，各种包含人工智能技术的产品走入大众生活。据腾讯研究院院长司晓介绍，全球人工智能创业企业已达 2 000 多家，仅腾讯公司就有四大实验室正在开展人工智能相关研究。事实上，有些人工智能商业场景迟迟不能落地，不是被技术"绊"住了，而是伦理研究"拖了后腿"。司晓举例说，美国 2016 年的统计表明，自动驾驶的安全性已经明显高于人工驾驶，但自动驾驶中有一个著名的伦理困境，即当它无可避免要撞人时，是撞向人多的一边还是人少的一边。复旦大学哲学系教授王国豫提出，全景监狱和数据歧视的伦理困境也值得警惕。全景监狱是指摄像头将犯人的所有行动构成一个行动路线图，搜索引擎给犯人画像，人工智能可以全方位地"观察"犯人；数据歧视是指将数据转化为信息的过程中，充斥着读者的偏好。这种说法是否正确呢？

伦理与科学本来就应是统一整体。有一种说法是，对人工智能人们可以先研发，等发现问题了再纠错，大不了"拔了电源"，这种观念显然不可取。必须打破的一个成见是，伦理监管是给科技发展画"墙"。但其实，人工智能研究和人工智能伦理两者的关系应该从更全面的角度来看。近年来，无论是工业机器人、家政机器人还是航天机器人，都在自主性、意向性、情感性等"人格"要素上越来越形神兼备。人工智能可以说正在脱离工具的范畴。越强大的人工智能，它的"存在感"就越低，甚至完全融入人们的生活。面对这种情况，人们就无法"拔了电源"。

人文学科要对伦理研究有所贡献。人工智能伦理问题已经引起世界关注，2016 年英国标准组织发布机器人伦理标准《伦理设计与应用机器人》、微软提出人工智能六大原则，都在一定程度上促进人工智能发展。2017 年，国务院印发的《新一代人工智能发展规划》中，"人工智能伦理"这一字眼出现了十五次之多，表明制定人工智能伦理规范已迫在眉睫。

人工智能需要怎样的伦理规范？这一领域天然游走于科技与人文之间，既需要数学、统计学、计算机科学、神经科学等的贡献，也需要哲学、心理学、认知科学、法学、社会学等学科的参与。为了促进人工智能理论研究，荷兰建立了人工智能价值设计联合试验中心，集合工程技术人员、哲学家、法学家、伦理学家的力量，将社会主流价值转化为计算机语言并将其嵌入人工智能之中。人工智能伦理不是固化的，它应该是开放的、可修正的甚至是生成性的变化体系。

6.4　土木工程伦理问题

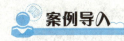
案例导入

福建省泉州市欣佳酒店"3·7"坍塌事故

2020 年 3 月 7 日 19 时 14 分，位于福建省泉州市鲤城区的欣佳酒店所在建筑物发生坍塌事故，造成 29 人死亡、42 人受伤，直接经济损失 5 794 万元。经调查，查明事故的直接原因是，事故责任单位泉州市新星机电工贸有限公司将欣佳酒店建筑物由原四层违法增加夹层改建成七层，达到极限承载能力并处于坍塌临界状态，加之事发前对底层支承钢柱违规加固焊接作业引发钢柱失稳破坏，导致建筑物整体坍塌。国务院批复福建省泉州市欣佳酒店"3·7"坍塌事故调查报告，认定福建省泉州市欣佳酒店"3·7"坍塌事故是一起主要因违法违规建设、改建和加固施工导致建筑物坍塌的重大生产安全责任事故。

工程师之戒

工程师之戒(Iron Ring，又译作"铁戒""耻辱之戒")，是一枚仅仅授予北美顶尖几所大学工程系毕业生的戒指，用以警示及提醒他们，谨记工程师对于公众和社会的责任与义务。这枚戒指被誉为"世界上最昂贵的戒指"，其意义与军人的勋章一样重大，在整个西方，铁戒已经成为一个出类拔萃的工程师的杰出身份和崇高地位的象征。戒指外表面上下各有10个刻面。这枚戒指起源于加拿大的魁北克大桥悲剧。1900年，魁北克大桥开始修建，横贯圣劳伦斯河。为了建造当时世界上最长的桥梁，原本可能成为不朽杰作的桥梁被工程师在设计时主跨的净距由487.7米忘乎所以地增长到了548.6米。1907年8月29日下午5点32分，当桥梁即将竣工之际，发生了垮塌，造成桥上的86名工人中75人丧生，11人受伤。事故调查显示，这起悲剧是由工程师在设计中一个小的计算失误造成的。惨痛的教训引起了人们的沉思，于是自彼时起，垮塌桥梁的钢筋便被重铸为一枚枚戒指，约100年时间，无时无刻不提醒着每位身为被定义为精英的工程师的义务与职责。

交流互动

在你看来，导致以上两起事故的共同原因是什么？

6.4.1　土木工程及其特点

土木工程是伴随着人类社会的发展而发展起来的，是最古老的一个工程学科。可以说，从有人类活动开始，就有了土木工程。它所建造的工程设施反映出各个历史时期社会经济、文化、科学、技术发展的面貌，因而，土木工程也就成为社会历史发展的见证之一。远古时代，人们就开始修筑简陋的房舍、道路、桥梁和沟堑，以满足简单的生活和生产需要。后来，人们为了适应战争、生产和生活及宗教传播的需要，兴建了城池、运河、宫殿、寺庙及其他各种建筑物。许多著名的工程设施显示出人类在这个历史时期的创造力。例如，中国的长城、都江堰、大运河、赵州桥、应县木塔，埃及的金字塔，希腊的帕特农神庙，意大利的古罗马给水工程、科洛西姆圆形竞技场(罗马大斗兽场)，以及其他许多著名的教堂、宫殿等。产业革命以后，特别是到了20世纪，一方面，社会向土木工程提出了新的需求；另一方面，社会各个领域为土木工程的前进创造了良好的条件。因而，这个时期的土木工程得到突飞猛进的发展。在世界各地出现了现代化规模宏大的工业厂房、摩天大厦、核电站、高速公路和铁路、大跨桥梁、大直径运输管道、长隧道、大运河、大堤坝、大飞机场、大海港及海洋工程等。现代土木工程不断地为人类社会创造崭新的物质环境，成为人类社会现代文明的重要组成部分。

根据《中国大百科全书·土木工程》的解释，土木工程是建造各类工程设施的科学技术的总称，既指人类应用材料、设备进行勘测、设计、施工、保养、维修等技术活动，也指工程建设的对象，即在地下或地上、陆上或水中建造的，直接或间接为人类生活、生产服务的各种工程设施。土木工程一般划分为建筑工程、交通土建工程、桥梁工程、港口工程、地下工程、水利水电工程和给水排水工程。我国土木工程建设经历了产业规模由小变大，建造能力从弱变强，对经济社会发展、城乡建设和民生改善作出了重要的贡献。

土木工程的特点主要体现在综合性、社会性和实践性三个方面。综合性是指建造一项工程设施一般要经过勘察、设计和施工三个阶段，需要运用的各类技术较多，因而，土木工程是一门范围广阔的综合性学科；社会性是指土木工程是伴随着人类社会的发展而发展起来的；实践性是指土木工程是具有很强的实践性的学科。在早期，土木工程是通过工程实践，总结成功的经验，尤其是吸取失败的教训发展起来的。从 17 世纪开始，以伽利略和牛顿为先导的近代力学与土木工程实践结合起来，逐渐形成材料力学、结构力学、流体力学、岩体力学，作为土木工程的基础理论的学科。这样，土木工程才逐渐从经验发展成为科学。

对于大多数土木工程的从业人员而言，除分析思考土木工程项目选址、投资决策、规划设计、工程建设、运行管理中的工程伦理问题外，更多遇到的是职业伦理问题。相比较而言，我国的土木工程伦理起步较晚。1999 年 5 月 7 日，日本土木学会理事会制定了《土木技术者的伦理规定》，即土木技术人员的道德条例。

6.4.2 土木工程师的职业伦理

（1）土木工程的安全伦理问题。土木工程发展史上频频发生的工程安全事故及其导致的灾难性后果，使人们不得不高度重视土木工程活动带来的风险，安全成为土木工程伦理的首要维度。

（2）土木工程的环境伦理问题。土木工程建设占用和消耗大量的自然资源。进入 21 世纪以来，中国成为世界上新建建筑规模最大的国家。大型交通、能源、水利等项目建设和城市新区开发计划等，常常涉及土木工程建设对自然生态环境的影响问题。

（3）土木工程的其他伦理问题。土木工程的伦理问题除上述安全和环境两个方面外，还会遭遇诸如文化和价值观的冲突与困惑、工程师的职业伦理问题。

如何结合具体工程项目，以及工程项目建设过程中的各环节、岗位的工作，分析认识土木工程师的行为准则和伦理标准是重中之重。在我国，注册建造工程师是指依法取得注册建造工程师执业资格证书和注册证书，从事建设工程项目总承包和施工管理关键岗位的专业技术人员。在从事建设工程项目总承包和施工管理的广大专业技术人员中，特别是在施工项目经理队伍中，建立建造工程师执业资格制度非常必要。注册建造工程师共分为十四个专业，分别为房屋建筑工程、公路工程、铁路工程、民航机场工程、港口与航道工程、水利水电工程、电力工程、矿山工程、冶炼工程、石油化工工程、市政公用与城市轨道工程、通信与广电工程、机电安装工程、装饰装修工程。建造工程师的执业范围包括担任建设工程项目施工的项目经理、从事其他施工活动管理、担任法律及相关要求规定的其他业务。

6.5 国防工程伦理问题

 案例导入

网络成策反新渠道 四川省国家安全机关一举破获多起间谍案[1]

随着我国综合国力不断增强，国防军工事业不断发展，特别是部分高新武器曝光，境外间谍情报机关针对我国高新武器研制、生产的国防军工单位开展间谍和破坏活动已经成为常态。

2014年10月的一天，某国防军工单位热表车间的"90后"青年文某像往常一样玩起了手机QQ，"附近的人"一栏中弹出一网名为"H"的网友，资料显示"附近厂职工需要兼职的联系我"。"H"自称是境外某报社记者，希望文某提供工作中接触到的内部资料，并承诺支付每月3200元人民币的报酬。在经济利益的驱使下，文某先后多次向"H"提供了所在单位生产军品的型号、每月量产情况等涉密信息。别有用心的境外间谍情报机关瞄准的，不仅仅是国防军工单位的核心技术人员，任何外围人员乃至每一个公民都可能在不知情的情况下被利用，为了求职网上应聘的吴某被利用了，为了娱乐聊QQ的文某、王某被利用了，还有李某也不小心被亲朋好友"拖下水"。据了解，这些犯罪嫌疑人均涉嫌利用工作便利，窃取、刺探、非法向境外提供所在国防军工单位高新武器研发、测试等涉密情报信息，并为境外间谍人员物色、推荐国防军工领域易被引诱利用的科研人员。这些行为严重危害了我国国防军工事业，对国家利益造成了无法挽回的巨大损失。

据了解，以上4人均从业于同一家国防军工单位，互不相识，却分别被境外间谍情报机关发展利用。据四川省国家安全机关介绍，以前，策反、窃密都是在现实世界进行，近年来，网络成为策反新渠道。国外间谍机构通过聊天软件虚拟定位功能锁定范围，寻找下手对象。国家安全机关提醒广大民众：要增强维护国家安全的意识，增强法治意识。特别是涉密人员网上求职要当心，切莫泄露曾经工作单位相关信息；对于亲戚朋友提出的帮忙请求，切莫麻痹大意，成为帮凶。

---

[1] 案例来源：《人民日报》2015年7月24日11版。

交流互动

在你看来，以上 4 人被轻易策反的原因是什么？作为国防工程技术人员，首先应具备什么意识和素质？

6.5.1 国防工程及其重要意义

(1)国防工程的内涵和外延。国防工程是国家为防御外来武装侵略，平时在国土(主权国家管辖下的陆域、海域、空域的总称)上构筑的永久性军事工程。如在边防线上和纵深预定战场构筑的永备阵地工程、通信枢纽工程、军港和军用机场工程、导弹基地工程、军事交通工程及后方工程、大型指挥所、大型后方仓库等。随着武器装备、战略思想、战争样式和工程技术的发展，国防工程的外延不断演变。

(2)国防工程的重要意义。国防工程是军队实施保卫国家安全战略的重要物质基础和主要技术手段。对于保障军队建设和战时作战具有重要的意义。军队对国防工程需要预测和决策的依据，如建设国防工程所需的资源和经费，工程建成后是否符合战略要求和战术技术标准，在建设中与建成后能否确保军队使用安全等。随着战略环境的变化，国防工程面临和需要解决的问题越来越复杂。要求工程兵在建设和使用国防工程中，注重调查研究，了解当地地理和水文地质情况，掌握工程技术和装备的发展趋势，运用系统工程和信息技术，以及现代管理方法，提高国防工程的适应性和可靠性，保证军队在任何时候、任何情况下都能有效地使用它。

6.5.2 国防工程的伦理问题

(1)是否符合国家利益。国防工程是国家安全的重要屏障，因此必须符合国家利益。在建设国防工程时，必须考虑到国家的整体利益和长远利益，不能只考虑局部利益或短期利益而损害国家整体利益。在战争和战争准备中要学会保存自己、消灭敌人。作为国防建设的重要组成部分，国防工程就是为了更好地抵抗侵略、保存自己，也历来是各国军事防御的重要依托和国家安全的重要屏障。有的人认为，现在是和平年代，国防工程建设可以缓一缓。在笔者看来，越是和平年代，越要重视国防工程建设。与撒手锏武器装备一样，坚不可摧的国防工程、完善发达的防护系统也是我们重要的军事威慑力量，可以给潜在的敌人以警告：一旦发动侵略，必然会付出沉重代价。现阶段，我国实行积极防御军事战略，不打第一枪，所以防护工程更加重要。我们的国防工程，尤其是地下防护工程，是国家积极防御战略的基石，是国家安全的最后一道防线，也是我们和平环境的重要保障。

(2)是否符合社会责任。国防工程的建设和使用必须承担相应的社会责任。在建设和使用国防工程时，必须考虑到对国家和人民的贡献及责任，不能为了个人或小团体的利益而损害国家和人民的利益。

（3）是否符合公正和道义原则。国防工程是否符合公正和道义原则是一个重要的伦理问题。在战争或冲突中，国防工程可能会造成无辜人员伤亡或财产损失。因此，建设国防工程必须考虑到这些因素，避免造成不必要的伤害或损失。

（4）是否符合人类共同利益。国防工程不仅是为了保卫国家利益而建设的，还必须考虑到人类共同利益。在建设国防工程时，必须考虑到对环境、生态和其他资源的保护，不能为了满足军事需要而破坏生态环境或损害其他国家和民族的利益。

在国防工程中，工程师的主要伦理责任应是爱国奉献、保守秘密、安全可靠、锐意进取，然而，泄露国家机密、危害国家安全的案件仍时有发生。我国党政军机关、军工企业、科研院所等核心岗位涉密人员及高校师生是境外间谍情报机关开展情报搜集、渗透窃密的重点目标。他们通过情感拉拢、诱蚀腐化、金钱收买、提供帮助等多种手段，千方百计拉拢策反机关干部、科研人员、赴境外工作人员甚至是华人华侨，对国家安全构成严重威胁。

1997 年 7 月，被告人黄宇大学毕业后进入某研究所工作，后因违反劳动纪律受到单位处理，于 2003 年 2 月起待岗，2004 年 2 月自动离职。期间，黄宇对单位心生不满，且为获取非法金钱利益，产生了向境外间谍组织出卖国家秘密以换取金钱的念头。2002 年春节后，黄宇通过网络主动联络某国间谍组织，与之建立情报关系。2002 年 6 月至 2011 年 9 月，黄宇先后多次与该间谍组织代理人会面，并接受任务和指示，向该间谍组织提供其非法收集、窃取的我国国家秘密。经鉴定、评估，黄宇提供绝密级国家秘密 90 项、机密级国家秘密 292 项、秘密级国家秘密 1 674 项，对国家安全造成特别严重损害。2011 年 12 月 20 日，黄宇被抓获归案，侦查机关在其家中查获其存储非法收集、窃取的国家秘密资料的光盘若干、间谍专用器材 2 个及大量外币。2014 年 4 月 22 日，成都市中级人民法院以（2013）成刑初字第 1 号刑事判决，认定被告人黄宇犯间谍罪，判处死刑，剥夺政治权利终身，并处没收个人全部财产（来源：《焦点访谈》，2016 年 4 月 18 日）。

 拓展资料

[1]中华人民共和国核电厂核事故应急管理条例，https：//www.gov.cn/gongbao/content/2011/content_1860847.htm.

[2]柴建设.核安全文化理论与实践[M].北京：化学工业出版社，2012.

[3]赵劲松.化工过程安全[M].北京：化学工业出版社，2015.

[4]叶志明.土木工程概论[M].3 版.北京：高等教育出版社，2009.

[5]柳琴，史军.能源伦理研究[M].北京：气象出版社，2019.

[6]张秀兰.网络隐私权保护研究[M].北京：国家图书馆出版社，2006.

附 件

附件1：

《新一代人工智能伦理规范》

2021年9月25日，国家新一代人工智能治理专业委员会发布了《新一代人工智能伦理规范》(以下简称《伦理规范》)，旨在将伦理道德融入人工智能全生命周期，为从事人工智能相关活动的自然人、法人和其他相关机构等提供伦理指引。

《伦理规范》经过专题调研、集中起草、意见征询等环节，充分考虑当前社会各界有关隐私、偏见、歧视、公平等伦理关切，包括总则、特定活动伦理规范和组织实施等内容。《伦理规范》提出了增进人类福祉、促进公平公正、保护隐私安全、确保可控可信、强化责任担当、提升伦理素养6项基本伦理要求。同时，提出人工智能管理、研发、供应、使用等特定活动的18项具体伦理要求。《伦理规范》全文如下：

新一代人工智能伦理规范为深入贯彻《新一代人工智能发展规划》，细化落实《新一代人工智能治理原则》，增强全社会的人工智能伦理意识与行为自觉，积极引导负责任的人工智能研发与应用活动，促进人工智能健康发展，制定本规范。

第一章 总则

第一条 本规范旨在将伦理道德融入人工智能全生命周期，促进公平、公正、和谐、安全，避免偏见、歧视、隐私和信息泄露等问题。

第二条 本规范适用于从事人工智能管理、研发、供应、使用等相关活动的自然人、法人和其他相关机构等。(一)管理活动主要指人工智能相关的战略规划、政策法规和技术标准制定实施，资源配置以及监督审查等。(二)研发活动主要指人工智能相关的科学研究、技术开发、产品研制等。(三)供应活动主要指人工智能产品与服务相关的生产、运营、销售等。(四)使用活动主要指人工智能产品与服务相关的采购、消费、操作等。

第三条 人工智能各类活动应遵循以下基本伦理规范。(一)增进人类福祉。坚持以人为本，遵循人类共同价值观，尊重人权和人类根本利益诉求，遵守国家或地区伦理道德。坚持公共利益优先，促进人机和谐友好，改善民生，增强获得感幸福感，推动经济、社会及生态可持续发展，共建人类命运共同体。(二)促进公平公正。坚持普惠性和包容性，切实保护各相关主体合法权益，推动全社会公平共享人工智能带来的益处，促进社会公平正义和机会均等。在提供人工智能产品和服务时，应充分尊重和帮助弱势群体、特殊群体，并根据需要提供相应替代方案。(三)保护隐私安全。充分尊重个人信息知情、同意等权利，依照合法、正当、必要和诚信原则处理个人信息，保障个人隐私与数据安全，不得损害个人合法数据权益，不得以窃取、篡改、泄露等方式非法收集利用个人信息，不得侵害个人隐私权。(四)确保可控可信。保障人类拥有充分自主决策权，有权选择是否接受人工智能提供的服务，有权随时退出与人工智能的交互，有权随时中止人工智能系统的运行，确保人工智能始终处于人类控制之下。(五)强化责任担当。坚持人类是最终责任主体，明确利益相关者的责任，全面增强责任意识，在人工智能全生命周期各环节自省自律，建立人工智能问责机制，不回避责任审查，不逃避应负责任。(六)提升伦理素养。积极学习和普及人工智能伦理知识，客观认识伦理问题，不低估不夸大伦理风险。主动开展或参与人工智能伦理问题讨论，深入推动人工智能伦理治理实践，提升应对能力。

第四条 人工智能特定活动应遵守的伦理规范包括管理规范、研发规范、供应规范和使用规范。

第二章 管理规范

第五条 推动敏捷治理。尊重人工智能发展规律，充分认识人工智能的潜力与局限，持续优化治理机制和方式，在战略决策、制度建设、资源配置过程中，不脱离实际、不急功近利，有序推动人工智能健康和可持续发展。

第六条 积极实践示范。遵守人工智能相关法规、政策和标准，主动将人工智能伦理道德融入管理全过程，率先成为人工智能伦理治理的实践者和推动者，及时总结推广人工智能治理经验，积极回应社会对人工智能的伦理关切。

第七条 正确行权用权。明确人工智能相关管理活动的职责和权力边界，规范权力运行条件和程序。充分尊重并保障相关主体的隐私、自由、尊严、安全等权利及其他合法权益，禁止权力不当行使对自然人、法人和其他组织合法权益造成侵害。

第八条 加强风险防范。增强底线思维和风险意识，加强人工智能发展的潜在风险研判，及时开展系统的风险监测和评估，建立有效的风险预警机制，提升人工智能伦理风险管控和处置能力。

第九条 促进包容开放。充分重视人工智能各利益相关主体的权益与诉求，鼓励应用多样化的人工智能技术解决经济社会发展实际问题，鼓励跨学科、跨领域、跨地区、跨国界的交流与合作，推动形成具有广泛共识的人工智能治理框架和标准规范。

第三章 研发规范

第十条 强化自律意识。加强人工智能研发相关活动的自我约束，主动将人工智能伦理道德融入技术研发各环节，自觉开展自我审查，加强自我管理，不从事违背伦理道德的人工智能研发。

第十一条 提升数据质量。在数据收集、存储、使用、加工、传输、提供、公开等环节，严格遵守数据相关法律、标准与规范，提升数据的完整性、及时性、一致性、规范性和准确性等。

第十二条 增强安全透明。在算法设计、实现、应用等环节，提升透明性、可解释性、可理解性、可靠性、可控性，增强人工智能系统的韧性、自适应性和抗干扰能力，逐步实现可验证、可审核、可监督、可追溯、可预测、可信赖。

第十三条 避免偏见歧视。在数据采集和算法开发中，加强伦理审查，充分考虑差异化诉求，避免可能存在的数据与算法偏见，努力实现人工智能系统的普惠性、公平性和非歧视性。

第四章 供应规范

第十四条 尊重市场规则。严格遵守市场准入、竞争、交易等活动的各种规章制度，积极维护市场秩序，营造有利于人工智能发展的市场环境，不得以数据垄断、平台垄断等破坏市场有序竞争，禁止以任何手段侵犯其他主体的知识产权。

第十五条 加强质量管控。强化人工智能产品与服务的质量监测和使用评估，避免因设计和产品缺陷等问题导致的人身安全、财产安全、用户隐私等侵害，不得经营、销售或提供不符合质量标准的产品与服务。

第十六条 保障用户权益。在产品与服务中使用人工智能技术应明确告知用户，应标识人工智能产品与服务的功能与局限，保障用户知情、同意等权利。为用户选择使用或退出人工智能模式提供简便易懂的解决方案，不得为用户平等使用人工智能设置障碍。

第十七条 强化应急保障。研究制定应急机制和损失补偿方案或措施，及时监测人工智能系统，及时响应和处理用户的反馈信息，及时防范系统性故障，随时准备协助相关主体依法依规对人工智能系统进行干预，减少损失，规避风险。

第五章 使用规范

第十八条 提倡善意使用。加强人工智能产品与服务使用前的论证和评估，充分了解人工智能产品与服务带来的益处，充分考虑各利益相关主体的合法权益，更好促进经济繁荣、社会进步和可持续发展。

第十九条 避免误用滥用。充分了解人工智能产品与服务的适用范围和负面影响，切实尊重相关主体不使用人工智能产品或服务的权利，避免不当使用和滥用人工智能产品与服务，避免非故意造成对他人合法权益的损害。

第二十条 禁止违规恶用。禁止使用不符合法律法规、伦理道德和标准规范的人工智能产品与服务，禁止使用人工智能产品与服务从事不法活动，严禁危害国家安全、公共安全和生产安全，严禁损害社会公共利益等。

第二十一条 及时主动反馈。积极参与人工智能伦理治理实践，对使用人工智能产品与服务过程中发现的技术安全漏洞、政策法规真空、监管滞后等问题，应及时向相关主体反馈，并协助解决。

第二十二条 提高使用能力。积极学习人工智能相关知识，主动掌握人工智能产品与服务的运营、维护、应急处置等各使用环节所需技能，确保人工智能产品与服务安全使用和高效利用。

第六章 组织实施

第二十三条 本规范由国家新一代人工智能治理专业委员会发布，并负责解释和指导实施。

第二十四条 各级管理部门、企业、高校、科研院所、协会学会和其他相关机构可依据本规范，结合实际需求，制订更为具体的伦理规范和相关措施。

第二十五条 本规范自公布之日起施行，并根据经济社会发展需求和人工智能发展情况适时修订。

国家新一代人工智能治理专业委员会

2021 年 9 月 25 日

附件 2：

《关于加强科技伦理治理的意见》

（2022 年 3 月，中共中央办公厅、国务院办公厅印发了《关于加强科技伦理治理的意见》，并发出通知，要求各地区各部门结合实际认真贯彻落实。）

科技伦理是开展科学研究、技术开发等科技活动需要遵循的价值理念和行为规范，是促进科技事业健康发展的重要保障。当前，我国科技创新快速发展，面临的科技伦理挑战日益增多，但科技伦理治理仍存在体制机制不健全、制度不完善、领域发展不均衡等问题，已难以适应科技创新发展的现实需要。为进一步完善科技伦理体系，提升科技伦理治理能力，有效防控科技伦理风险，不断推动科技向善、造福人类，实现高水平科技自立自强，现就加强科技伦理治理提出如下意见。

一、总体要求

（一）指导思想。以习近平新时代中国特色社会主义思想为指导，深入贯彻党的十九大和十九届历次全会精神，坚持和加强党中央对科技工作的集中统一领导，加快构建中国特色科技伦理体系，健全多方参与、协同共治的科技伦理治理体制机制，坚持促进创新与防范风险相统一、制度规范与自我约束相结合，强化底线思维和风险意识，建立完善符合我国国情、与国际接轨的科技伦理制度，塑造科技向善的文化理念和保障机制，努力实现科技创新高质量发展与高水平安全良性互动，促进我国科技事业健康发展，为增进人类福祉、推动构建人类命运共同体提供有力科技支撑。

（二）治理要求。

——伦理先行。加强源头治理，注重预防，将科技伦理要求贯穿科学研究、技术开发等科技活动全过程，促进科技活动与科技伦理协调发展、良性互动，实现负责任的创新。

——依法依规。坚持依法依规开展科技伦理治理工作，加快推进科技伦理治理法律制度建设。

——敏捷治理。加强科技伦理风险预警与跟踪研判，及时动态调整治理方式和伦理规范，快速、灵活应对科技创新带来的伦理挑战。

——立足国情。立足我国科技发展的历史阶段及社会文化特点，遵循科技创新规律，建立健全符合我国国情的科技伦理体系。

——开放合作。坚持开放发展理念，加强对外交流，建立多方协同合作机制，凝聚共识，形成合力。积极推进全球科技伦理治理，贡献中国智慧和中国方案。

二、明确科技伦理原则

（一）增进人类福祉。科技活动应坚持以人民为中心的发展思想，有利于促进经济发展、社会进步、民生改善和生态环境保护，不断增强人民获得感、幸福感、安全感，促进人类社会和平发展和可持续发展。

（二）尊重生命权利。科技活动应最大限度避免对人的生命安全、身体健康、精神和心理健康造成伤害或潜在威胁，尊重人格尊严和个人隐私，保障科技活动参与者的知情权和选择权。使用实验动物应符合"减少、替代、优化"等要求。

（三）坚持公平公正。科技活动应尊重宗教信仰、文化传统等方面的差异，公平、公正、包容地对待不同社会群体，防止歧视和偏见。

（四）合理控制风险。科技活动应客观评估和审慎对待不确定性和技术应用的风险，力求规避、防范可能引发的风险，防止科技成果误用、滥用，避免危及社会安全、公共安全、生物安全和生态安全。

（五）保持公开透明。科技活动应鼓励利益相关方和社会公众合理参与，建立涉及重大、敏感伦理问题的科技活动披露机制。公布科技活动相关信息时应提高透明度，做到客观真实。

三、健全科技伦理治理体制

（一）完善政府科技伦理管理体制。国家科技伦理委员会负责指导和统筹协调推进全国科技伦理治理体系建设工作。科技部承担国家科技伦理委员会秘书处日常工作，国家科技伦理委员会各成员单位按照职责分工负责科技伦理规范制定、审查监管、宣传教育等相关工作。各地方、相关行业主管部门按照职责权限和隶属关系具体负责本地方、本系统科技伦理治理工作。

（二）压实创新主体科技伦理管理主体责任。高等学校、科研机构、医疗卫生机构、企业等单位要履行科技伦理管理主体责任，建立常态化工作机制，加强科技伦理日常管理，主动研判、及时化解本单位科技活动中存在的伦理风险；根据实际情况设立本单位的科技伦理（审查）委员会，并为其独立开展工作提供必要条件。从事生命科学、医学、人工智能等科技活动的单位，研究内容涉及科技伦理敏感领域的，应设立科技伦理（审查）委员会。

（三）发挥科技类社会团体的作用。推动设立中国科技伦理学会，健全科技伦理治理社会组织体系，强化学术研究支撑。相关学会、协会、研究会等科技类社会团体要组织动员科技人员主动参与科技伦理治理，促进行业自律，加强与高等学校、科研机构、医疗卫生机构、企业等的合作，开展科技伦理知识宣传普及，提高社会公众科技伦理意识。

（四）引导科技人员自觉遵守科技伦理要求。科技人员要主动学习科技伦理知识，增强科技伦理意识，自觉践行科技伦理原则，坚守科技伦理底线，发现违背科技伦理要求的行为，要主动报告、坚决抵制。科技项目（课题）负责人要严格按照科技伦理审查批准的范围开展研究，加强对团队成员和项目（课题）研究实施全过程的伦理管理，发布、传播和应用涉及科技伦理敏感问题的研究成果应当遵守有关规定、严谨审慎。

四、加强科技伦理治理制度保障

（一）制定完善科技伦理规范和标准。制定生命科学、医学、人工智能等重点领域的科技伦理规范、指南等，完善科技伦理相关标准，明确科技伦理要求，引导科技机构和科技人员合规开展科技活动。

（二）建立科技伦理审查和监管制度。明晰科技伦理审查和监管职责，完善科技伦理审查、风险处置、违规处理等规则流程。建立健全科技伦理（审查）委员会的设立标准、运行机制、登记制度、监管制度等，探索科技伦理（审查）委员会认证机制。

（三）提高科技伦理治理法治化水平。推动在科技创新的基础性立法中对科技伦理监管、违规查处等治理工作作出明确规定，在其他相关立法中落实科技伦理要求。"十四五"期间，重点加强生命科学、医学、人工智能等领域的科技伦理立法研究，及时推动将重要的科技伦理规范上升为国家法律法规。对法律已有明确规定的，要坚持严格执法、违法必究。

（四）加强科技伦理理论研究。支持相关机构、智库、社会团体、科技人员等开展科技伦理理论探索，加强对科技创新中伦理问题的前瞻研究，积极推动、参与国际科技伦理重大议题研讨和规则制定。

五、强化科技伦理审查和监管

（一）严格科技伦理审查。开展科技活动应进行科技伦理风险评估或审查。涉及人、实验动物的科技活动，应当按规定由本单位科技伦理（审查）委员会审查批准，不具备设立科技伦理（审查）委员会条件的单位，应委托其他单位科技伦理（审查）委员会开展审查。科技伦理（审查）委员会要坚持科学、独立、公正、透明原则，开展对科技活动的科技伦理审查、监督与指导，切实把好科技伦理关。探索建立专业性、区域性科技伦理审查中心。逐步建立科技伦理审查结果互认机制。

建立健全突发公共卫生事件等紧急状态下的科技伦理应急审查机制，完善应急审查的程序、规则等，做到快速响应。

（二）加强科技伦理监管。各地方、相关行业主管部门要细化完善本地方、本系统科技伦理监管框架和制度规范，加强对各单位科技伦理（审查）委员会和科技伦理高风险科技活动的监督管理，建立科技伦理高风险科技活动伦理审查结果专家复核机制，组织开展对重大科技伦理案件的调查处理，并利用典型案例加强警示教育。从事科技活动的单位要建立健全科技活动全流程科技伦理监管机制和审查质量控制、监督评价机制，加强对科技伦理高风险科技活动的动态跟踪、风险评估和伦理事件应急处置。国家科技伦理委员会研究制定科技伦理高风险科技活动清单。开展科技伦理高风险科技活动应按规定进行登记。

财政资金设立的科技计划（专项、基金等）应加强科技伦理监管，监管全面覆盖指南编制、审批立项、过程管理、结题验收、监督评估等各个环节。

加强对国际合作研究活动的科技伦理审查和监管。国际合作研究活动应符合合作各方所在国家的科技伦理管理要求，并通过合作各方所在国家的科技伦理审查。对存在科技伦理高风险的国际合作研究活动，由地方和相关行业主管部门组织专家对科技伦理审查结果开展复核。

（三）监测预警科技伦理风险。相关部门要推动高等学校、科研机构、医疗卫生机构、社会团体、企业等完善科技伦理风险监测预警机制，跟踪新兴科技发展前沿动态，对科技创新可能带来的规则冲突、社会风险、伦理挑战加强研判、提出对策。

（四）严肃查处科技伦理违法违规行为。高等学校、科研机构、医疗卫生机构、企业等是科技伦理违规行为单位内部调查处理的第一责任主体，应制定完善本单位调查处理相关规定，及时主动调查科技伦理违规行为，对情节严重的依法依规严肃追责问责；对单位及其负责人涉嫌科技伦理违规行为的，由上级主管部门调查处理。各地方、相关行业主管部门按照职责权限和隶属关系，加强对本地方、本系统科技伦理违规行为调查处理的指导和监督。

任何单位、组织和个人开展科技活动不得危害社会安全、公共安全、生物安全和生态安全，不得侵害人的生命安全、身心健康、人格尊严，不得侵犯科技活动参与者的知情权和选择权，不得资助违背科技伦理要求的科技活动。相关行业主管部门、资助机构或责任人所在单位要区分不同情况，依法依规对科技伦理违规行为责任人给予责令改正，停止相关科技活动，追回资助资金，撤销获得的奖励、荣誉，取消相关从业资格，禁止一定期限内承担或参与财政性资金支持的科技活动等处理。科技伦理违规行为责任人属于公职人员的依法依规给予处分，属于党员的依规依纪给予党纪处分；涉嫌犯罪的依法予以惩处。

六、深入开展科技伦理教育和宣传

（一）重视科技伦理教育。将科技伦理教育作为相关专业学科本专科生、研究生教育的重要内容，鼓励高等学校开设科技伦理教育相关课程，教育青年学生树立正确的科技伦理意识，遵守科技伦理要求。完善科技伦理人才培养机制，加快培养高素质、专业化的科技伦理人才队伍。

（二）推动科技伦理培训机制化。将科技伦理培训纳入科技人员入职培训、承担科研任务、学术交流研讨等活动，引导科技人员自觉遵守科技伦理要求，开展负责任的研究与创新。行业主管部门、各地方和相关单位应定期对科技伦理（审查）委员会成员开展培训，增强其履职能力，提升科技伦理审查质量和效率。

（三）抓好科技伦理宣传。开展面向社会公众的科技伦理宣传，推动公众提升科技伦理意识，理性对待科技伦理问题。鼓励科技人员就科技创新中的伦理问题与公众交流。对存在公众认知差异、可能带来科技伦理挑战的科技活动，相关单位及科技人员等应加强科学普及，引导公众科学对待。新闻媒体应自觉提高科技伦理素养，科学、客观、准确地报道科技伦理问题，同时要避免把科技伦理问题泛化。鼓励各类学会、协会、研究会等搭建科技伦理宣传交流平台，传播科技伦理知识。

各地区各有关部门要高度重视科技伦理治理，细化落实党中央、国务院关于健全科技伦理体系，加强科技伦理治理的各项部署，完善组织领导机制，明确分工，加强协作，扎实推进实施，有效防范科技伦理风险。相关行业主管部门和各地方要定期向国家科技伦理委员会报告履行科技伦理监管职责工作情况并接受监督。

附件3：

《国家职业资格目录(2021 年版)》
一、专业技术人员职业资格
（共计 59 项。其中准入类 33 项，水平评价类 26 项）

序号	职业资格名称		实施部门(单位)	资格类别	设定依据
1	教师资格		教育部	准入类	《中华人民共和国教师法》《教师资格条例》《〈教师资格条例〉实施办法》(教育部令 2000 年第 10 号)
2	法律职业资格		司法部	准入类	《中华人民共和国法官法》《中华人民共和国检察官法》《中华人民共和国公务员法》《中华人民共和国律师法》《中华人民共和国公证法》《中华人民共和国仲裁法》《中华人民共和国行政复议法》《中华人民共和国行政处罚法》
3	中国委托公证人资格(香港、澳门)		司法部	准入类	《国务院对确需保留的行政审批项目设定行政许可的决定》
4	注册会计师		财政部	准入类	《中华人民共和国注册会计师法》
5	注册城乡规划师		自然资源部 人力资源社会保障部 相关行业协会	准入类	《中华人民共和国城乡规划法》
6	注册测绘师		自然资源部 人力资源社会保障部	准入类	《中华人民共和国测绘法》《注册测绘师制度暂行规定》(国人部发〔2007〕14 号)
7	核安全设备无损检验人员资格	民用核安全设备无损检验人员	生态环境部	准入类	《民用核安全设备监督管理条例》
		国防科技工业军用核安全设备无损检验人员	国防科工局	准入类	《中华人民共和国核安全法》
8	核设施操纵人员资格	民用核设施操纵人员	生态环境部 国家能源局	准入类	《中华人民共和国民用核设施安全监督管理条例》
		国防科技工业军用核设施 操纵人员	国防科工局	准入类	《中华人民共和国核安全法》

序号	职业资格名称	实施部门(单位)	资格类别	设定依据
9	注册核安全工程师	生态环境部 人力资源社会保障部	准入类	《中华人民共和国放射性污染防治法》 《注册核安全工程师执业资格制度暂行规定》(人发〔2002〕106号)
10	注册建筑师	全国注册建筑师管理委员会及省级注册建筑师管理委员会	准入类	《中华人民共和国建筑法》 《中华人民共和国注册建筑师条例》 《建设工程勘察设计管理条例》 《关于建立注册建筑师制度及有关工作的通知》(建设〔1994〕第598号)
11	监理工程师	住房城乡建设部 交通运输部 水利部 人力资源社会保障部	准入类	《中华人民共和国建筑法》 《建设工程质量管理条例》 《监理工程师职业资格制度规定》(建人规〔2020〕3号) 《注册监理工程师管理规定》(建设部令2006年第147号,根据住房和城乡建设部令2016年第32号修订) 《公路水运工程监理企业资质管理规定》(交通运输部令2019年第37号) 《水利工程建设监理规定》(水利部令2006年第28号,根据水利部令2017年第49号修订)
12	房地产估价师	住房城乡建设部 自然资源部	准入类	《中华人民共和国城市房地产管理法》
13	造价工程师	住房城乡建设部 交通运输部 水利部 人力资源社会保障部	准入类	《中华人民共和国建筑法》 《造价工程师职业资格制度规定》(建人〔2018〕67号) 《注册造价工程师管理办法》(建设部令2006年第150号,根据住房和城乡建设部令2016年第32号、2020年第50号修订)

序号	职业资格名称		实施部门（单位）	资格类别	设定依据
14	建造师		住房城乡建设部 人力资源社会保障部	准入类	《中华人民共和国建筑法》 《注册建造师管理规定》（建设部令2006年第153号，根据住房和城乡建设部令2016年第32号修订） 《建造师执业资格制度暂行规定》（人发〔2002〕111号）
15	勘察设计 注册工程师	注册结构工程师	住房城乡建设部 人力资源社会保障部	准入类	《中华人民共和国建筑法》 《建设工程勘察设计管理条例》 《勘察设计注册工程师管理规定》（建设部令2005年第137号，根据住房和城乡建设部令2016年第32号修订） 《注册结构工程师执业资格制度暂行规定》（建设〔1997〕222号）
		注册土木工程师	住房城乡建设部 交通运输部 水利部 人力资源社会保障部		《中华人民共和国建筑法》 《建设工程勘察设计管理条例》 《勘察设计注册工程师管理规定》（建设部令2005年第137号，根据住房和城乡建设部令2016年第32号修订） 《注册土木工程师（岩土）执业资格制度暂行规定》（人发〔2002〕35号） 《注册土木工程师（水利水电工程）制度暂行规定》（国人部发〔2005〕58号） 《注册土木工程师（港口与航道工程）执业资格制度暂行规定》（人发〔2003〕27号）《勘察设计注册土木工程师（道路工程）制度暂行规定》（国人部发〔2007〕18号）

序号	职业资格名称		实施部门(单位)	资格类别	设定依据
15	勘察设计注册工程师	注册化工工程师	住房城乡建设部 人力资源社会保障部	准入类	《中华人民共和国建筑法》 《建设工程勘察设计管理条例》 《勘察设计注册工程师管理规定》 (建设部令 2005 年第 137 号,根据住房和城乡建设部令 2016 年第 32 号修订) 《注册化工工程师执业资格制度暂行规定》(人发〔2003〕26 号)
		注册电气工程师	住房城乡建设部 人力资源社会保障部		《中华人民共和国建筑法》 《建设工程勘察设计管理条例》 《勘察设计注册工程师管理规定》 (建设部令 2005 年第 137 号,根据住房和城乡建设部令 2016 年第 32 号修订) 《注册电气工程师执业资格制度暂行规定》(人发〔2003〕25 号) 《中华人民共和国建筑法》 《建设工程勘察设计管理条例》 《勘察设计注册工程师管理规定》 (建设部令 2005 年第 137 号,根据住房和城乡建设部令 2016 年第 32 号修订) 《注册公用设备工程师执业资格制度暂行规定》(人发〔2003〕24 号)
		注册公用设备工程师	住房城乡建设部 生态环境部 人力资源社会保障部		《中华人民共和国建筑法》 《建设工程勘察设计管理条例》 《勘察设计注册工程师管理规定》 (建设部令 2005 年第 137 号,根据住房和城乡建设部令 2016 年第 32 号修订) 《注册环保工程师制度暂行规定》(国人部发〔2005〕56 号)

序号	职业资格名称		实施部门(单位)	资格类别	设定依据
16	注册验船师		交通运输部 人力资源社会保障部	准入类	《中华人民共和国船舶和海上设施检验条例》 《中华人民共和国渔业船舶检验条例》 《注册验船师制度暂行规定》(国人部发〔2006〕8号)
17	船员资格(含船员、渔业船员)		交通运输部 农业农村部	准入类	《中华人民共和国海上交通安全法》 《中华人民共和国船员条例》 《中华人民共和国内河交通安全管理条例》 《中华人民共和国渔港水域交通安全管理条例》
18	执业兽医		农业农村部	准入类	《中华人民共和国动物防疫法》
19	演出经纪人员资格		文化和旅游部	准入类	《营业性演出管理条例》 《营业性演出管理条例实施细则》(文化部令2009年第47号,根据文化部令2017年第57号修订)
20	导游资格		文化和旅游部	准入类	《中华人民共和国旅游法》 《导游人员管理条例》
21	医生资格	医师	国家卫生健康委	准入类	《中华人民共和国医师法》
		乡村医生			《乡村医生从业管理条例》
		人体器官移植医师			《中华人民共和国医师法》 《人体器官移植条例》 《关于对人体器官移植技术临床应用规划及拟批准开展人体器官移植医疗机构和医师开展审定工作的通知》(卫办医发〔2007〕38号) 《国务院关于取消和调整一批行政审批项目等事项的决定》(国发〔2014〕27号)
		职业病诊断医师			《中华人民共和国职业病防治法》 《国务院关于取消一批职业资格许可和认定事项的决定》(国发〔2016〕5号)

序号	职业资格名称		实施部门（单位）	资格类别	设定依据
22	护士执业资格		国家卫生健康委 人力资源社会保障部	准入类	《护士条例》 《护士执业资格考试办法》（卫生部、人力资源社会保障部令 2010 年第 74 号）
23	母婴保健技术服务人员资格		国家卫生健康委	准入类	《中华人民共和国母婴保健法》
24	注册安全工程师		应急管理部 人力资源社会保障部	准入类	《中华人民共和国安全生产法》 《注册安全工程师职业资格制度规定》（应急〔2019〕8 号）
25	注册消防工程师		应急管理部 人力资源社会保障部	准入类	《中华人民共和国消防法》 《注册消防工程师制度暂行规定》（人社部发〔2012〕56 号）
26	注册计量师		市场监管总局 人力资源社会保障部	准入类	《中华人民共和国计量法》 《注册计量师职业资格制度规定》（国市监计量〔2019〕197 号）
27	特种设备检验、检测人员资格		市场监管总局	准入类	《中华人民共和国特种设备安全法》
28	广播电视播音员、主持人资格		广电总局	准入类	《国务院对确需保留的行政审批项目设定行政许可的决定》
29	新闻记者职业资格		国家新闻出版署	准入类	《国务院对确需保留的行政审批项目设定行政许可的决定》 《新闻记者证管理办法》（新闻出版总署令 2009 年第 44 号）
30	航空人员资格	空勤人员、地面人员	中国民航局	准入类	《中华人民共和国民用航空法》
		民用航空器外国驾驶员、领航员、飞行机械员、飞行通信员			《国务院对确需保留的行政审批项目设定行政许可的决定》
		航空安全员			《国务院对确需保留的行政审批项目设定行政许可的决定》
		民用航空电信人员、航行情报人员、气象人员			《国务院对确需保留的行政审批项目设定行政许可的决定》

序号	职业资格名称	实施部门（单位）	资格类别	设定依据
31	执业药师	国家药监局 人力资源社会保障部	准入类	《中华人民共和国药品管理法》 《中华人民共和国药品管理法实施条例》 《国务院对确需保留的行政审批项目设定行政许可的决定》 《药品经营质量管理规范》（国家食品药品监督管理总局令 2015 年第 13 号，根据国家食品药品监督管理总局令 2016 年第 28 号修正） 《执业药师职业资格制度规定》（国药监人〔2019〕12 号）
32	专利代理师	国家知识产权局	准入类	《专利代理条例》 《专利代理师资格考试办法》（国家市场监督管理总局令 2019 年第 7 号）
33	拍卖师	中国拍卖行业协会	准入类	《中华人民共和国拍卖法》
34	工程咨询（投资）专业技术人员职业资格	国家发展改革委 人力资源社会保障部 中国工程咨询协会	水平评价类	《工程咨询（投资）专业技术人员职业资格制度暂行规定》（人社部发〔2015〕64 号）
35	通信专业技术人员职业资格	工业和信息化部 人力资源社会保障部	水平评价类	《中华人民共和国电信条例》 《通信专业技术人员职业水平评价暂行规定》（国人部发〔2006〕10 号）
36	计算机技术与软件专业技术资格	工业和信息化部 人力资源社会保障部	水平评价类	《计算机技术与软件专业技术资格（水平）考试暂行规定》（国人部发〔2003〕39 号）
37	社会工作者职业资格	民政部 人力资源社会保障部	水平评价类	《国家中长期人才发展规划纲要（2010-2020 年）》 《关于加强社会工作专业人才队伍建设的意见》（中组发〔2011〕25 号） 《社会工作者职业水平评价暂行规定》（国人部发〔2006〕71 号） 《高级社会工作师评价办法》（人社部规〔2018〕2 号）

序号	职业资格名称	实施部门(单位)	资格类别	设定依据
38	会计专业技术资格	财政部 人力资源社会保障部	水平评价类	《中华人民共和国会计法》 《关于深化会计人员职称制度改革的指导意见》(人社部发〔2019〕8号) 《会计专业技术资格考试暂行规定》(财会〔2000〕11号)
39	资产评估师	财政部 人力资源社会保障部 中国资产评估协会	水平评价类	《中华人民共和国资产评估法》 《资产评估师职业资格制度暂行规定》(人社部规〔2017〕7号)
40	经济专业技术资格	人力资源社会保障部	水平评价类	《关于深化经济专业人员职称制度改革的指导意见》(人社部发〔2019〕53号) 《经济专业技术资格规定》(人社部规〔2020〕1号)
41	不动产登记代理专业人员职业资格	自然资源部 中国土地估价师与土地登记代理人协会	水平评价类	《不动产登记暂行条例》
42	矿业权评估师	自然资源部 中国矿业权评估师协会	水平评价类	《中华人民共和国资产评估法》 《矿产资源勘查区块登记管理办法》 《矿产资源开采登记管理办法》 《探矿权采矿权转让管理办法》
43	环境影响评价工程师	生态环境部 人力资源社会保障部	水平评价类	《建设项目环境保护管理条例》 《环境影响评价工程师职业资格制度暂行规定》(国人部发〔2004〕13号)
44	房地产经纪专业人员职业资格	住房城乡建设部人力资源社会保障部中国房地产估价师与房地产经纪人学会	水平评价类	《中华人民共和国城市房地产管理法》 《房地产经纪专业人员职业资格制度暂行规定》(人社部发〔2015〕47号)
45	机动车检测维修专业技术人员职业资格	交通运输部 人力资源社会保障部	水平评价类	《中华人民共和国道路运输条例》 《机动车检测维修专业技术人员职业水平评价暂行规定》(国人部发〔2006〕51号)
46	公路水运工程试验检测专业技术人员职业资格	交通运输部 人力资源社会保障部	水平评价类	《建设工程质量管理条例》 《公路水运工程试验检测专业技术人员职业资格制度规定》(人社部发〔2015〕59号)

序号	职业资格名称	实施部门（单位）	资格类别	设定依据
47	水利工程质量检测员资格	水利部	水平评价类	《建设工程质量管理条例》 《水利工程质量检测管理规定》（水利部令 2008 年第 36 号，根据水利部令 2017 年第 49 号、2019 年第 50 号修订）
48	卫生专业技术资格	国家卫生健康委 人力资源社会保障部	水平评价类	《关于深化卫生专业技术人员职称制度改革的指导意见》（人社部发〔2021〕51 号） 《临床医学专业技术资格考试暂行规定》（卫人发〔2000〕462 号） 《预防医学、全科医学、药学、护理、其他卫生技术等专业技术资格考试暂行规定》（卫人发〔2001〕164 号）
49	审计专业技术资格	审计署 人力资源社会保障部	水平评价类	《中华人民共和国审计法》 《中华人民共和国审计法实施条例》 《关于深化审计专业人员职称制度改革的指导意见》（人社部发〔2020〕84 号） 《审计专业技术初、中级资格考试规定》（审人发〔2003〕4 号） 《高级审计师评价办法（试行）》（人发〔2002〕58 号）
50	税务师	税务总局 人力资源社会保障部 中国注册税务师协会	水平评价类	《中华人民共和国税收征收管理法》 《税务师职业资格制度暂行规定》（人社部发〔2015〕90 号）
51	认证人员职业资格	市场监管总局	水平评价类	《中华人民共和国认证认可条例》
52	设备监理师	市场监管总局 人力资源社会保障部	水平评价类	《国务院关于第三批取消和调整行政审批项目的决定》（国发〔2004〕16 号）
53	统计专业技术资格	国家统计局 人力资源社会保障部	水平评价类	《中华人民共和国统计法》 《关于深化统计专业人员职称制度改革的指导意见》（人社部发〔2020〕16 号） 《统计专业技术资格考试暂行规定》（国统字〔1995〕46 号）

序号	职业资格名称	实施部门(单位)	资格类别	设定依据
54	出版专业技术人员职业资格	国家新闻出版署 人力资源社会保障部	水平评价类	《出版管理条例》 《音像制品管理条例》 《关于深化出版专业技术人员职称制度改革的指导意见》(人社部发〔2021〕10 号) 《出版专业技术人员职业资格考试暂行规定》(人发〔2001〕86 号)
55	银行业专业人员职业资格	银保监会 人力资源社会保障部 中国银行业协会	水平评价类	《银行业专业人员职业资格制度暂行规定》(人社部发〔2013〕101 号)
56	精算师	银保监会 人力资源社会保障部 中国精算师协会	水平评价类	《中华人民共和国保险法》
57	证券期货基金业从业人员资格	证监会	水平评价类	《中华人民共和国证券法》 《中华人民共和国证券投资基金法》 《期货交易管理条例》
58	文物保护工程从业资格	国家文物局	水平评价类	《中华人民共和国文物保护法实施条例》 《文物保护工程管理办法》(文化部令 2003 年第 26 号) 《文物保护工程勘察设计资质管理办法(试行)》《文物保护工程施工资质管理办法(试行)》《文物保护工程监理资质管理办法(试行)》(文物保发〔2014〕13 号)
59	翻译专业资格	中国外文局 人力资源社会保障部	水平评价类	《关于深化翻译专业人员职称制度改革的指导意见》(人社部发〔2019〕110 号) 《翻译专业资格(水平)考试暂行规定》(人发〔2003〕21 号)

二、技能人员职业资格

（共计 13 项）

序号	职业资格名称		实施部门（单位）	资格类别	设定依据	备注
1	焊工	民用核安全设备焊工、焊接操作工	生态环境部	准入类	《民用核安全设备监督管理条例》《国务院对确需保留的行政审批项目设定行政许可的决定》《国务院关于修改部分行政法规的决定》	
		国防科技工业军用核安全设备焊接人员	国防科工局	准入类	《中华人民共和国核安全法》	
2	安全保护服务人员	保安员	公安部门及相关机构	准入类	《保安服务管理条例》《人力资源社会保障部办公厅公安部办公厅关于颁布 保安员国家职业技能标准的通知》（人社厅发〔2019〕60 号）	
		民航安全检查员	民航行业技能鉴定机构	水平评价类	《人力资源社会保障部办公厅 中国民用航空局综合司关于颁布民航乘务员等 3 个国家职业技能标准的通知》（人社厅发〔2019〕110 号）	涉及安全，根据 2019 年 12 月 30 日国务院常务会议精神，拟依法调整为准入类职业资格
3	消防和应急救援人员	消防员	消防行业技能鉴定机构	水平评价类	《关于印发灭火救援员国家职业技能标准的通知》（人社厅发〔2011〕18 号）	涉及安全，根据 2019 年 12 月 30 日国务院常务会议精神，拟依法调整为准入类职业资格
		森林消防员	应急管理部、国家林业和草 原局		《关于印发第十二批房地产策划师等 54 个国家职业标准的通知》（劳社厅发〔2006〕1 号）	
		应急救援员	紧急救援行业技能鉴定机构		《人力资源社会保障部办公厅 应急管理部办公厅关于颁布应急救援员国家职业技能标准的通知》（人社厅发〔2019〕8 号）	
4	消防设施操作员		消防行业技能鉴定机构	准入类	《中华人民共和国消防法》	

序号	职业资格名称		实施部门（单位）	资格类别	设定依据	备注
5	健身和娱乐场所服务人员	游泳救生员	体育行业技能鉴定机构	准入类	《全民健身条例》	
		社会体育指导员			《全民健身条例》 《第一批高危险性体育项目目录公告》（国家体育总局公告 2013 年第 16 号）	指从事游泳、滑雪、潜水、攀岩等高危险性体育项目的社会体育指导员
6	航空运输服务人员	民航乘务员	民航行业技能鉴定机构	准入类	《中华人民共和国民用航空法》 《人力资源社会保障部办公厅 中国民用航空局综合司关于颁布民航乘务员等3 个国家职业技能标准的通知》（人社厅发〔2019〕110 号）	
		机场运行指挥员	民航行业技能鉴定机构	水平评价类	《人力资源社会保障部办公厅 中国民用航空局综合司关于颁布民航乘务员等3 个国家职业技能标准的通知》（人社厅发〔2019〕110 号）	涉及安全，根据 2019 年12 月 30 日国务院常务会议精神，拟依法调整为准入类职业资格
7	轨道交通运输服务人员	轨道列车司机	交通运输主管部门及相关机构	准入类	《铁路安全管理条例》 《国务院办公厅关于保障城市轨道交通安全运行的意见》（国办发〔2018〕13 号） 《人力资源社会保障部办公厅 交通运输部办公厅 国家铁路局综合司关于颁布轨道列车司机国家职业技能标准的通知》（人社厅发〔2019〕121 号）	
			国家铁路局			
8	危险货物、化学品运输从业人员	危险货物道路运输从业人员	交通运输主管部门及相关机构	准入类	《中华人民共和国安全生产法》 《中华人民共和国道路运输条例》 《危险化学品安全管理条例》 《放射性物品运输安全管理条例》 《道路运输从业人员管理规定》（交通运输部令 2019 年第 18 号） 《危险货物水路运输从业人员考核和从业资格管理规定》（交通运输部令 2021 年第 29 号）	
		放射性物品道路运输从业人员				
		危险货物水路运输从业人员				

序号	职业资格名称		实施部门（单位）	资格类别	设定依据	备注
9	道路运输从业人员	经营性客运驾驶员	交通运输主管部门及相关机构	准入类	《中华人民共和国道路运输条例》 《国务院关于加强道路交通安全工作的意见》（国发〔2012〕30号） 《道路运输从业人员管理规定》（交通运输部令2019年第18号）	
		经营性货运驾驶员	交通运输主管部门及相关机构	准入类	《中华人民共和国道路运输条例》 《国务院关于加强道路交通安全工作的意见》（国发〔2012〕30号） 《道路运输从业人员管理规定》（交通运输部令2019年第18号）	除使用总质量4 500千克及以下普通货运车辆的驾驶人员外
9	道路运输从业人员	出租汽车驾驶员	交通运输主管部门及相关机构	准入类	《国务院对确需保留的行政审批项目设定行政许可的决定》 《出租汽车驾驶员从业资格管理规定》（交通运输部令2021年第15号） 《巡游出租汽车经营服务管理规定》（交通运输部令2021年第16号） 《网络预约出租汽车经营服务管理暂行办法》（交通运输部令2019年第46号）	
10	特种作业人员		应急管理部门、矿山安全监管部门	准入类	《中华人民共和国安全生产法》 《中华人民共和国劳动法》 《中华人民共和国矿山安全法》 《安全生产许可证条例》 《煤矿安全监察条例》 《危险化学品安全管理条例》 《烟花爆竹安全管理条例》 《特种作业人员安全技术培训考核管理规定》（国家安全监管总局令2010年第30号、2013年第63号第一次修正、2015年第80号第二次修正）	

序号	职业资格名称	实施部门（单位）	资格类别	设定依据	备注
11	建筑施工特种作业人员	住房和城乡建设主管部门及相关机构	准入类	《中华人民共和国安全生产法》 《中华人民共和国特种设备安全法》 《建设工程安全生产管理条例》 《特种设备安全监察条例》 《安全生产许可证条例》 《建筑起重机械安全监督管理规定》（建设部令 2008 年第 166 号）	
12	特种设备安全管理和作业人员	市场监督管理部门	准入类	《中华人民共和国特种设备安全法》 《特种设备安全监察条例》 《特种设备作业人员监督管理办法》（国家质量监督检验检疫总局令 2011 年第 140 号）	
13	家畜繁殖员	农业行业技能鉴定机构	准入类	《中华人民共和国畜牧法》	

后 记

2019 年，西安工业大学研究生院批准了关于《工程伦理》课程的教改项目，本书便是在这一项目的牵引下开始构思编写，由西安工业大学马克思主义学院"工程伦理教学与研究小组"组织编写。本书在编写过程中，得到了陕西省"十四五"首批职教规划教材项目的支持、西安工业大学研究生院和马克思主义学院李晓桐院长的大力支持与指导，以及工程伦理课程教学一线同行和专家的帮助与支持。同时，本书编写组也广泛听取了任课教师和广大学生的意见及建议，这些都为本书的编写奠定了坚实的基础。本书由陈丛兰教授主持编写，陈丛兰教授多年从事伦理学的教学与科研工作，积累了丰富的经验，其主要负责本书的前期规划、框架设计、前言撰写和修改统稿工作。工程伦理授课教师梁花和陈泊蓉两位博士主要负责具体的编写工作，其中，梁花博士主要承担第 1 章～第 2 章的编写工作；陈泊蓉博士主要负责第 3 章～第 6 章的编写工作；白冰讲师负责初稿的文字校对工作。在本书编写的过程中，编写组主要参阅了李正风、丛杭青等主编的《工程伦理》(清华大学出版社，2016 版)；美国学者查尔斯·E. 哈里斯、迈克尔·S. 普理查德等合著的第五版《工程伦理概念与案例》(浙江大学出版社，2018 版)；美国学者蕾切尔·卡森著，王思茵等翻译的《寂静的春天》(江苏凤凰文艺出版社，2018 版)；唐丽著《美国工程伦理研究》(东北大学出版社，2007 版)；王章豹著《工程哲学与工程教育》(上海科技教育出版社，2018 版)；丛杭青主编的《工程伦理》(浙江大学出版社，2023 版)，其余参考著作与文献资料不再一一罗列，但会在参考文献中列出。这些著作和文献资料为本书的编写提供了拓展性的思路和理论支撑，在此一并表示感谢。

本书中存在的疏漏与不当之处，恳请得到相关专家学者、广大师生的批评指正。

教材编写组
2024 年 3 月于西安工业大学

参 考 文 献

[1]梁思成.《营造法式》注释[M]. 北京：生活·读书·新知三联书店，2013.

[2]郦道元. 合校水经注[M]. 饶宗颐，译注. 北京：中华书局，2016.

[3]中共中央马克思恩格斯列宁斯大林著作编译局. 马克思恩格斯文集(第三卷)[C]. 北京：人民出版社，2009.

[4]中共中央马克思恩格斯列宁斯大林著作编译局. 马克思恩格斯全集(第二十五卷)[C]. 北京：人民出版社，2001.

[5]中共中央马克思恩格斯列宁斯大林著作编译局. 马克思恩格斯文集(第八卷)[C]. 北京：人民出版社，2009.

[6]习近平. 习近平谈治国理政(第一卷)[M]. 北京：外文出版社，2022.

[7]习近平. 习近平谈治国理政(第三卷)[M]. 北京：外文出版社，2020.

[8]陈万求. 马克思主义与当代中国：工程技术伦理研究[M]. 北京：社会科学文献出版社，2012.

[9]李正风，丛杭青，王前. 工程伦理[M]. 北京：清华大学出版社，2016.

[10]王玉岚，等. 工程伦理与案例分析[M]. 北京：知识产权出版社，2021.

[11]杨先艺，朱河. 中国节约型社会的造物设计伦理思想研究[M]. 武汉：武汉理工大学出版社，2021.

[12]柳琴，史军. 能源伦理研究[M]. 北京：气象出版社，2019.

[13]丛杭青. 工程伦理[M]. 杭州：浙江大学出版社，2023.

[14]王章豹. 工程哲学与工程教育[M]. 上海：上海科技教育出版社，2018.

[15]段瑞钰，汪应洛，李伯聪. 工程哲学[M]. 北京：高等教育出版社，2007.

[16]李伯聪. 工程哲学和工程研究之路[M]. 北京：科学出版社，2013.

[17]王前. 技术伦理通论[M]. 北京：中国人民大学出版社，2011.

[18]李伯聪. 工程哲学引论[M]. 郑州：大象出版社，2002.

[19]唐丽. 美国工程伦理研究[M]. 沈阳：东北大学出版社，2007.

[20]温宏建. 伦理与企业：企业伦理探源[M]. 北京：商务印书馆，2020.

[21]原华荣. 生态目的性与环境伦理[M]. 北京：中国环境科学出版社，2013.

[22]杨泽波. 儒家生生伦理学引论[M]. 北京：商务印书馆，2020.

[23]古天龙. 人工智能导论[M]. 北京：高等教育出版社，2022.

[24]方旺春. 大学生活的伦理思考[M]. 合肥：安徽大学出版社，2013.

[25]蒋明炜. 智能制造：AI落地制造业之道[M]. 北京：机械工业出版社，2022.

[26]张景林. 安全学[M]. 北京：化学工业出版社，2009.

[27]杨兴坤. 工程事故治理与工程危机管理[M]. 北京：机械工业出版社，2014.

[28]刘大椿. 在真与善之间：科技时代的伦理问题与道德抉择[M]. 北京：中国社会科学出版社，2000.